貓頭鷹書房

有些書套著嚴肅的學術外衣，但內容平易近人，非常好讀；有些書討論近乎冷僻的主題，其實意蘊深遠，充滿閱讀的樂趣；還有些書大家時時掛在嘴邊，但我們卻從未看過……

如果沒有人推薦、提醒、出版，這些散發著智慧光芒的傑作，就會在我們的生命中錯失——因此我們有了**貓頭鷹書房**，作為這些書安身立命的家，也作為我們智性活動的主題樂園。

貓頭鷹書房——智者在此垂釣

內容簡介　我們每天的選擇，真的是自己決定的嗎？我們的世界遵循著物理法則而運轉，我們的大腦也是。如果物理法則主宰了我們的大腦，我們還有可能控制自己的行為嗎？在本書中，認知神經科學之父葛詹尼加深入淺出地探討各種和自由意志有關的問題，內容涵蓋神經科學、心理學，甚至探討了腦科學所涉及的道德與法律層面。跟著大師的思考脈絡，透過最尖端的腦科學研究，我們終於能了解大腦與意識之間的關係，並且解答這個最古老的哲學問題：我們真的有自由意志嗎？

作者簡介　葛詹尼加（Michael S. Gazzaniga）是全球著名的腦科學家，被譽為「認知神經科學之父」。一九八二年，葛詹尼加創建了認知神經科學研究所，並創辦《認知神經科學期刊》，現為該期刊的名譽總編輯。一九九三年，他創建了認知神經科學學會。一九九七年，葛詹尼加當選美國國家藝術與科學院院士，二〇〇六年入選國家醫學研究院。此外，葛詹尼加還是 Sigma Xi 的成員，APA、APS及美國科學促進會（AAAS）的會士。葛詹尼加目前擔任加州大學聖塔芭芭拉校區聖吉（SAGE）心智研究中心的主任。他不僅是知名的臨床及基礎科學研究者，也出版了許多大眾科普書籍，如《大腦、演化、人》（*Human*）、《社交大腦》（*The Social Brain*）、《心智問題》（*Mind Matters*）、《自然界的心智》（*Nature's Mind*）、《倫理的腦》（*The Ethical Brain*）等書，紐約時報評價說：「對腦科學研究來說，葛詹尼加所做的研究堪比史蒂芬·霍金的研究之於宇宙論。」一九九五年，葛詹尼加出版了學術著作的里程碑——《認知神經科學》（*The Cognitive Neurosciences*），對九十多位科學家的工作進行了系統總結，被譽為認知神經科學領域的資料庫，目前已經出至第四版。

譯者簡介　鍾沛君，台大外文系、輔大翻譯研究所畢業，專職中英同／逐步口譯、書籍文件筆譯，譯有《大腦、演化、人》、《魚翅與花椒》、《打包去火星》、《與神共餐》。

貓頭鷹書房 239

我們真的有自由意志嗎？

意識、抉擇與背後的大腦科學

Who's in Charge?

Free Will and the Science of the Brain

葛詹尼加 著

鍾沛君 譯

貓頭鷹

貓頭鷹書房 239　　ISBN 978-986-262-129-5

我們真的有自由意志嗎？——意識、抉擇與背後的大腦科學

作　　者　葛詹尼加（Michael S. Gazzaniga）
譯　　者　鍾沛君
企畫選書　陳穎青
責任編輯　曾琬迪
協力編輯　張慧敏
校　　對　魏秋綢
版面構成　健呈電腦排版股份有限公司
封面設計　黃暐鵬
行銷業務　張芝瑜　李宥紳
總 編 輯　謝宜英
編輯顧問　陳穎青（老貓）
出 版 者　貓頭鷹出版
發 行 人　凃玉雲
發　　行　英屬蓋曼群島商家庭傳媒股份有限公司城邦分公司
　　　　　104 台北市中山區民生東路二段 141 號 2 樓
　　　　　劃撥帳號：19863813；戶名：書虫股份有限公司
城邦讀書花園：www.cite.com.tw　購書服務信箱：service@readingclub.com.tw
購書服務專線：02-25007718 ～ 9（周一至周五上午 09:30-12:00；下午 13:30-17:00）
24 小時傳真專線：02-25001990 ～ 1
香港發行所　城邦（香港）出版集團／電話：852-25086231 ／傳真：852-25789337
馬新發行所　城邦（馬新）出版集團／電話：603-90578822 ／傳真：603-90576622
印 製 廠　成陽印刷股份有限公司
初　　版　2013 年 3 月

定　　價　新台幣 320 元／港幣 107 元

讀者服務信箱　owl@cph.com.tw
貓頭鷹知識網　http://www.owls.tw
歡迎上網訂購；
大量團購請洽專線 02-25007696 轉 2729

城邦讀書花園
www.cite.com.tw

國家圖書館出版品預行編目資料

我們真的有自由意志嗎？——意識、抉擇與背後的大腦科學 / 葛詹尼加（Michael S. Gazzaniga）著；鍾沛君譯. -- 初版. -- 臺北市：貓頭鷹出版：家庭傳媒城邦分公司發行, 2013.03
296 面：15×21 公分. --（貓頭鷹書房；239）
譯自：Who's in Charge?: Free Will and the Science of the Brain
ISBN 978-986-262-129-5（平裝）
1. 腦部　2. 認知神經學
394.911　　102002973

各界好評

如果我想知道現在的神經科學家到底認為誰是大腦的主宰，那我就會把這本書從頭到尾看一遍。雖然不是看完了就會有一個確定的答案，不過葛詹尼加巧妙地整合了多年來實證科學的研究結果，加以旁徵博引許多跨學科領域，清楚並連貫地說明目前在大腦與心智，以及兩者結合後的產物——意識，已經有了哪些發現。讀了這本書，你馬上就會知道神經科學家已經多麼了解神經功能，以及其如何引導認知與行為出現；你也會明白，我們其實還有很多還不知道的，同時還會看到，科學研究是如何在社會情境中被誤解與誤用。本書的用詞遣字機智風趣，引人入勝，即使是一般讀者，也能輕鬆地和科學家一起探索人類大腦與心智的神祕之處，重新思考這些大哉問：我們的大腦真的那麼特別嗎？自由意志真的存在嗎？我們應該為自己的行為負責嗎？科學研究挑戰了我們既定的想法，讓我們重新思考我們的社會、道德、價值觀，以及更關鍵的——我們身為人類的意義。

——吳恩賜，台灣大學腦與心智科學研究所助理教授一九五六年，上世紀最出名的哈佛大學心理學行為主義大師史金納（B. F. Skinner）與人本主義治療者羅哲斯（Carl Rogers），舉行了一場九個小時的辯論，蔚為盛事。其後，史金納出版了《超越自由與尊嚴》，企圖顛覆人們對自由與尊嚴概念的通俗想法。現在，本書作者則企圖由神經科學研究的角度，再度顛覆人們對自由意志的看法，同時也反對了行為學派的後天環境決定論觀點。此外，更對傳統心理學者對自我概念、道德推理、社會文化行為等的看法，提出了不同的意見。心理學者喜好爭辯哲學議題，如今神經科學研究者也想參一腳，涵蓋的議題範圍甚至有包山包海之勢。這場大型規模的華山論劍，值得拭目以待。

——吳瑞屯，台灣大學心理學系教授

這本書的書寫風格與葛詹尼加之前所出版的認知神經科學相關書籍雖大異其趣，但卻深具互補的作用。這本書以說故事的方式串連已知的認知神經科學知識，其文筆與內容都相當具有連貫性與易讀性，非常適合各種不同領域的人閱讀。而對那些已經接觸過葛詹尼加先前所出版的書籍的人而言，閱讀本書更能將過去的知識統整與融會貫通。本書的翻譯亦十分地流暢，有助於中文閱讀者的了解，因此我願意大力推薦此書。

——謝淑蘭，成功大學心理學系特聘教授

本書給予對複雜的心智狀態堅持化約論與決定論的神經科學家很多的啟發。作者從近代科學理論的發展，以不同的層級和突現的觀念架構，來詮釋人類的心智運作，並剴切地指出我們可能是由錯誤的組織層級來解釋複雜的心智現象。我們目前可能還無法以神經科學的理論來解釋意識與自由意志的心智狀態，但作者仍明確地指出，未來需要新的理念架構或新的語彙，來描述這種在層級間互動作用的程序。

——徐百川，中央研究院生物醫學研究所副研究員

大哉問是葛詹尼加的拿手好戲。

——《紐約時報》

葛詹尼加是認知神經科學的創始者之一，同時也是此學科最偉大的整合者。在這本傑出的著作中，他討論了神經科學界的終極問題：我們是否只是一群神經元的集合體？「我」是否只是專制的決定論的副產品？他提出的答案非常重要，而且挑釁了一般思維。

——薩波斯基，著有《一位靈長類的回憶》

這本書刺激、有啟發性，有時候還很風趣幽默。這是一封戰帖，挑戰我們用新的方法來思考我們身上最神祕的謎團——讓我們以為我們之所以是我們的那部分。

——艾爾達，《美國科學邊境》節目主持人

你想不想坐下來，和朋友聊幾個小時，更深入了解神經科學、人類天性和自由意志後再起身？如果是，那麼就讀這本書吧。因為本書起源於一系列的公開講座，非常平易近人；因為本書的作者是心理學界最博學的思想家之一。這是一本智能的饗宴之書。

——海德特，著有《象與騎象人》

葛詹尼加是世界上最睿智的實驗神經科學家之一。

——沃夫，知名評論家

獻給夏綠蒂

無庸置疑的世界第八大奇景

我們真的有自由意志嗎？

目次

前言

吉福德爵士是十九世紀在愛丁堡的律師暨法官，他對哲學和自然神學充滿熱情。多虧了他的指示與捐贈，在蘇格蘭有一百二十五年以上歷史的「吉福德講座」內容被傳播到了世界各地。根據他的遺囑條件，這些講座必須以自然神學為題，並且要求講者「以對待自然科學般的嚴謹態度」處理這個主題，「不可提到或依賴任何應為特殊、異常，或所謂超自然神蹟的事。我希望將神學視為天文學或化學……他們可以自由討論……人類所有關於『神』或『無窮』的概念問題，或是關於人類起源、本質，還有真理等概念問題，繼而探討人是否能擁有這些概念，或者神是否有任何限制等。因為我深信，自由討論絕對有百益而無一害。」宗教、科學和哲學一直是這個講座的重點，如果你好好看過講座後的出版書籍，很快就會發現這些作品的品質極佳。西方世界很多偉大的哲人都曾在此講座中表達過自己的想法：美國心理學家與哲學家詹姆斯、丹麥物理學家波耳、哲學家懷德海等人都名列其中。而在這一長串的講者名單中，很多人都曾撩起重大的知識之戰；也有些人曾經詳細說明宇宙的廣大，譴責世俗世界無法對於生命之意義提供有幫助的訊息；還有其他人在此表明他們認為神學根本不是一個值得成熟的人花費時間討論的主題（不論是自然神學或是其他）。看起來好像什麼都已經講過了，而且都說得清楚明白、鏗鏘有力，以至於當我接到這份提出自己觀點的任務時，我差點就要打退堂鼓了。

我想，我就像那些曾經讀過這些講座所延伸出版書籍的讀者一樣，我們都感受到一種無法滿足的渴望，拉著我們繼續這趟旅程，想更了解我們人類所身處的情況。就某方面來說，我們對此的興趣也濃厚到讓自己目瞪口呆，因為我們現在的確已經很了解這個實體世界，而且儘管我們有時候很難接受全然的科學性觀點，大部分的人還是都相信現代知識隱含的意義。去思考這些事就是吉福德講座的意義，而我發現自己也很想提出我的拙見。在這個講座中提出自己的看法的恐怖程度，與讓人陶醉的程度不相上下，不過我真正想表達的是，科學上這些了不起的進步，帶給我們的其實是一個無可動搖的事實：**儘管我們活在一個決定論的宇宙中，我們就是應該對自己、對我們的所作所為負起責任的「我」**（agent）。

我們人類是大型動物，我們這麼機靈、聰明，而且經常使用我們的理性推論來解釋過失。可是我們仍舊會懷疑，就是這樣嗎？我們是不是只是比較花稍、比較會動腦筋，但終究不過是在東聞西聞找晚餐吃的動物？當然我們比蜜蜂要來得複雜許多。雖然我們和蜜蜂都有自主反應，但我們人類有各式各樣的認知和信念，而且擁有一項信念，會勝過所有的自主的生理程序與實體，並在演化的磨鍊之下，使我們走到現在這一步。擁有一項信念（雖然是錯誤的信念），使得莎士比亞筆下的奧賽羅動手殺了他親愛的妻子；讓《雙城記》裡的卡頓自願代替他的朋友上斷頭台，還表示這件事勝過他以往做過的任何事。人類有最後的決定權，儘管當我們抬頭望著自己身處其中的數十億顆星星和宇宙時，我們可能有時候會覺得這好像不太重要。不過這個問題依舊困擾著我們：「難道我們不是一個更龐大的意義系統裡的一部分嗎？」從科學和大部分的哲學裡辛苦得到的傳統智慧都會說，生命的意義除了我們所賦予它的之外，沒有別的了，一切都看我們自己。可是接下來總是會出現這個折磨人的問題：到底是不是真的是這樣？

然而現在有些科學家和哲學家甚至認為，並不是我們自己決定要賦予生命什麼。這裡提供你一些現代知識的真相，以及這些知識奇妙的隱含意義：生理化學的腦的確讓心智以某種我們不了解的方法存在，而且在此同時，它也和其他物質一樣遵循宇宙的物理法則。其實我們在思考這件事時，也不會想讓它以其他方式運作。比方說，我們可不希望我們伸手到嘴邊之類的動作，會帶來莫名其妙的運動，我們希望冰淇淋在我們的嘴巴裡，不是我們的額頭上。不過也有些人說，因為我們的腦會遵守物理世界的法則，所以就本質上而言，我們都是沒有意志的殭屍。科學家最常見的假設就是，我們只有在神經系統動作的事實發生後，才知道我們是誰、是什麼。然而我們大多數人都太忙了，沒辦法抽出時間仔細思考這些說法，或是用這些論點給自己找麻煩，而且只有少數人會對存在的絕望感到屈服。我們只想做好自己的工作，回家找老公或老婆、看小孩、玩撲克牌、講八卦、工作、喝杯威士忌、說說笑笑，簡單地活著。大多數時候，我們似乎不對生命的意義存疑。我們想活在生命裡，不是思考生命。

然而在知識份子之間有一種明顯的主流信念，那就是：我們活在一個完全決定論的宇宙裡。

這項信念看起來很有邏輯，符合我們這個物種對於宇宙本質的所有了解。物理法則主宰了物理世界裡發生的一切，而我們是物理世界的一部分，因此有主宰我們行為的物理法則，甚至也有主宰我們意識自我的法則。決定論統治了一切，包括物理與社會的一切，而且我們被要求接受這一點，然後繼續過活。愛因斯坦接受了，荷蘭哲學家斯賓諾莎也接受了，那我們有什麼資格質疑這一點？信念有其後果，而且我們的確因為居住在很多人相信是決定論的世界裡，而經常被要求別那麼快責怪他人，別要求那些人為自己的行動或反社會行為負責。

多年來，吉福德講座已經從許多不同的觀點探討過決定論的問題。量子物理學家曾說，自從量子力學取代了牛頓對物質的看法後，關於決定論的說法其實還有討論的空間，原子和分子的層級還是有不確定性。這代表下次甜點盤傳過來的時候，你可以自由選擇波士頓奶油派而非藍莓派，你的選擇並不是在大爆炸的那一刻就決定好的。

在此同時，其他人卻反駁原子不確定性和神經系統的運作沒有關係，也和它最終如何創造出人類心智無關。現代神經科學界的主流看法是：透過充分了解腦，就能了解所有必要的知識，明白腦如何使心智成真，證明這是以一種往上的因果方式達成的，而且一切都是已決定的。

我們人類似乎偏好問題有非黑即白的答案，二元的選項，全有或全無，全為天生或全為後天，全為決定的或全為隨機的。可是我將會告訴你，這並非那麼簡單，而且就決定論來說，現代的神經科學其實並非以建立一套基本教義為目的。我依舊堅持，大腦的物理變化以某種方式創造出來的心智限制了腦，就像是那些創立政府的人產出了治理之政治規範，最後也控制了這些人一樣，突現（emerge）的心智也限制了我們的腦。當我們都認為我們同意這些因果的力量是了解我們物理世界的唯一方式時，我們是不是也需要一個新的思考框架來描述實體與心智間的互動，以及兩者間相依相存的關係呢？就像加州理工學院的多利教授所指出，在硬體和軟體世界裡，一切都是關於這兩個系統，它們的功能也只透過兩個領域間的互動而存在。然而沒有人真的了解怎麼描述這個事實。當心智從大腦出現時，有點像是宇宙大爆炸發生時的情況。汽車形成了交通，交通最終也限制了汽車，所以心智不就會限制讓它得以產生的大腦嗎？

就像想把軟木塞沉到水裡那樣，問題根本不會消失，只會一直彈回來。心智是如何和腦相關？對於個人責任有什麼意義？不管是誰來討論這件事都會引起我們的注意。這個問題的答案重要性也不可小覷，因為這對於了解我們人類身為有感情的、會往前看的、會尋找意義的動物究竟經歷了什麼，具有舉足輕重的意義。我希望能延續這項傳統，檢視這個基本議題，從我的角度勾勒出了解這個心智和腦的介面的最佳方式。心智是否限制了腦，或者腦做的一切都是由下往上的？這個問題很微妙，因為我接下來說的任何話，都不代表我認為心智完全獨立於腦。並不是這樣的。

在我們的旅程開始之際，重要的是去檢視我們在二十一世紀裡自認為是什麼樣的生物。關於我們為什麼會這樣運作，在過去的一百年裡已經累積了龐大的知識，這真的很讓人卻步。現在我們眼前的問題是：這些累積的知識是否已經勝過早期對人類存在本質的理解？

在我的吉福德系列講座與本書中，我以回顧當代人類知識為己任，這些知識是許多過去的偉人都不知道的。儘管現在神經科學家已經對心智機制有了這麼多美妙的理解，都不會影響人的「責任」——人類生命最深的核心價值之一。為了證明這句話，我將會解釋我們在到達目前對腦的知識之前，所走過的道路與歧途，並且回顧我們目前對大腦運作已經有的了解。為了了解關於我們生活在決定論的世界裡的一些說法，我們將探索幾種不同層級的科學，從你未曾想過的神經科學帶你探討次原子粒子的微觀世界，到你和你的哥兒們因為超級盃比賽而擊掌叫好的巨觀社交世界。這些奇觀會讓我們看到，在實體世界中，依照你看的組織層面不同，存在著很多套不同的法則，而且我們也會發現這種現象與人類行為之間的關係。最後我們要到的地方，不是哪裡，就是法庭。

就算有這些關於物理學、化學、生物學、心理學等的知識，當我們把移動的各部分看做一個動態系統時，一項無可否認的事實就會出現：我們是應負起責任的「我」。就像我的小孩說的：「就接受事實吧。」人類的生命真的很值得。

第一章 我們現在的樣子

關於日常生活有這麼一個謎團：我們都覺得有一個統一的、有意識的「我」，以自己的目的在行動，而且我們可以自由做出任何選擇，幾乎毫不受限。同時每個人都知道我們是機器，只不過是生理上的機器，而宇宙的物理法則同時適用於這兩種機器：人造的和人體的。這兩種機器是如同不相信自由意志的愛因斯坦說的那樣，完全是「已決定」的嗎？或者我們其實能隨自己高興做出選擇？

英國演化生物學家道金斯代表了科學觀點的啟蒙，他認為我們都是決定論與機械論的機器，並立刻指出這背後代表的意義。為什麼我們要懲罰出現反社會行為的人？為什麼我們不簡單把他們當成是需要修理的人？他的論點是，畢竟如果我們的車子拋錨了，讓我們失望了，我們也不會痛揍它一頓、踢它幾腳。我們會修理它。

如果把車子換成突然把你摔下去的一匹馬，那我們會怎麼做？好好揍牠兩下的念頭，一定比把牠送到馬房修理更容易出現在腦海裡。有生命的肉體有某些東西會引起我們人類似乎特別活躍的一組反應，並且跟著拉出來一大堆的感覺、價值觀、目標、企圖等等所有人類的心智狀態。簡單地說，我們之所以是這個樣子是有些什麼原因的，而且這原因可能就是看起來主導我們很多日常行為與認知的腦。我們的組成似乎很複雜，儘管我們以為自己掌控一切，但我們自己的腦機器其實是靠它自己的蒸汽在運轉。這就是謎團了。

我們的腦是一個龐大的平行與分散式系統，每一個腦都有許許多多的決策點以及整合中心。全年無休的腦永遠不會停止管理我們的思想、欲望、身體。數百萬的網絡是一片由軍隊組成的大海，而不是等待指揮官開口的個別士兵。這也是一個決定論的系統，不是百無禁忌的牛仔，不受充滿我們宇宙的物理與化學力所控制。然而這些現代的事實一點都沒有說服我們：其實我們身體裡真的沒有一個坐鎮中央的「你」，或是一個「自己」在發號施令。這也就是那個謎團，而我們的工作就是嘗試了解這大概是怎麼運作的。

讓我們相信我們有一個中央司令、一個有目的的自己的好理由之一，就是人腦的成就。現代人類的科技和技術相當瘋狂而驚人，舉例來說，北卡羅萊納州一隻裝了神經植入物的猴子可以連上網路，使得牠竟能透過受到刺激時的神經元放電，控制一台在日本的機器人的動作。不只如此，牠的神經脈衝傳遞到日本的速度，還比傳送到自己的腳來得快！到離家近一點的地方來，看看你的晚餐好了。如果你幸運的話，今天晚上你可能會吃到本地產的沙拉，搭配智利產的梨子切片，以及義大利出產的美味哥爾根朱勒乾酪，紐西蘭的羊排，愛達荷州的烤馬鈴薯，搭配法國的紅酒。在上面這兩種情境中，需要多少有創意與創新思維的人共同合作，才能讓這一切實現？數不清了。從第一個想到自己種植食物的人，還有那個覺得放久的葡萄汁滿有意思的人，到第一個畫出飛行機器的達文西，還有第一個咬下看起來已經發霉的乳酪，並且選出風味最佳乳酪的人，還有許多科學家、工程師、軟體設計師、農夫、農場主人、釀酒人、運送者、零售商以及廚師，每個人都有其貢獻。在動物王國裡找不到有這樣的創意，沒有動物會和其他存在的無關個體合作。但最驚人的可能是，居然有人覺得人類的能力和其他動物沒什麼兩樣。事實上，他們很確定自己有著哀傷大眼睛的愛犬差點就能出版一本自助手冊：《如何在沙發上輕鬆操縱你的人類居家伴侶》。

人類已經散布到世界各地，居住在各種天差地遠的環境裡，而在此同時，黑猩猩這種現存與我們最親近的動物已經瀕臨絕種。你不得不問，為什麼人類在各方面都這麼成功，但目前與我們最接近的近親卻就要撐不住了？我們可以解決別的動物都無法解決的問題，唯一一個可能的答案是，這種能力來自於某個我們擁有，而牠們沒有的東西。可是我們卻覺得很難接受這一點。當我們站在二十一世紀初始的此刻，我們有更多的資訊能幫我們回答這些問題，這些資訊是過去那些好奇的、想知道答案的心靈無法取得的，而那些好奇的人就是我們的先進。人類至少從有史以來，就對於「我們是什麼」、「我們是誰」這些問題感興趣，西元前七世紀建造的德爾菲阿波羅神殿牆上就刻著「了解自己」這樣的建議。人一直都對心智、自我、人類情況的本質感到好奇，但這樣的好奇心是怎麼來的？你的狗在沙發上可不是在想這些。

現在神經科學家探索腦的方法有很多：戳戳它，從中記錄它、刺激它、分析它、拿它和其他動物的腦比較看看。有些謎團已經被解開，也有了很多解釋的理論。但在我們敬佩現代的自己之前，我們必須繼續檢視我們的自我。西元前五世紀的希臘名醫希波克拉底曾這麼寫，彷彿他是現代的腦神經科學家：「人應該知道，喜悅、愉快、歡笑和運動、憂愁、哀戚、沮喪，以及悲嘆都不是來自於別的地方，就是來自腦。而藉此……我們得到智慧與知識，能看、能聽，能知道什麼是錯誤的、什麼是公正的，什麼是壞的、什麼是好的，什麼是甜蜜的、什麼是討厭的……也是因為這一個器官，我們會瘋狂、會錯亂，也會讓害怕和恐懼襲擊我們……」[1]雖然他提出的動作機制並不完全，但已經立下了原則。

所以我猜科學可以解釋這些機制，而在這方面我們最好聽聽以科學方法著稱的福爾摩斯的建議：「困難之處在於將事實的架構——絕對無法否認的事實——從理論派與記者的華美裝飾上拆解下來。接著，讓自己穩穩站在這個扎實的基礎上。然後我們的責任就是找出可能的推論，以及讓整個謎團有所轉折的特殊點是哪些。」[2]

這種追求事實的衝動，是開始解決謎團的一種方式，而早期的腦科學家也是以這樣的精神展開研究。這東西是什麼？我們拿一具屍體來，打開它的頭骨瞧一瞧，我們在上面打個洞，我們來研究中風的人，我們來試試看記錄這裡傳出的電子訊號，我們看看它在發展過程中是怎麼連結的。你將會看到這些簡單的問題就是早期科學家的研究動機，而且至今依舊是許多科學家的研究動機。然而在我說故事的過程中，逐漸顯而易見的一點是：如果缺乏對於生物行為的確實研究，或者不知道我們演化的心智系統是為了做哪些事而挑選出來的，那麼要解決「自我」和機器的問題就一點指望也沒有。如同偉大的腦科學家瑪爾的觀察，研究鳥的羽毛是不可能知道翅膀如何運作的。隨著事實的累積，我們必須賦予它們功能情境，再去檢視在實際情況中，這些情境會如何限制造成這些功能的要素。那麼我們開始吧。

大腦發展

像「大腦發展」這麼簡短有力的詞應該很容易研究和理解，但在人類發展中，大腦發展的範圍非常廣，不只是神經元的發展，還有分子發展，而且也不只是關於長時間的認知改變，還有外在世界的影響——結果根本就不簡單。將事實架構脫離理論說明，經常是一個漫長又艱鉅的過程，中間會繞很多遠路，而這就是拆解大腦發展與運作基礎被注定的命運。

等潛法則

二十世紀早期是一段辛苦繞路的時期，這對於科學界與一般大眾帶來的反彈力道至今仍以「先天與後天」之爭的形式讓我們備受其擾。一九四八年，我的母校達特茅斯學院有兩位分別來自加拿大與美國的優秀心理學家，賴胥利和海伯。他們共聚一堂討論下面的問題：大腦是不是一塊白板，而且大部分是我們今天稱為「可塑的」？或者大腦天生就有其限制，而且有點像是因其結構而「已決定」的？

當時，白板理論在過去的二十多年裡已經成為主流，而賴胥利就是早期擁護這種說法的人之一。他是最早利用生理學與分析性方法研究動物大腦機制與智能的研究者之一，曾小心地誘發鼠類大腦皮質的損傷，並且加以量化，測量牠們在他製造出損傷前後的行為。當賴胥利發現他所移除的皮質組織量會影響學習與記憶時，他也發現移除的位置並沒有影響。這使得他堅信技能喪失與割除的皮質量有關，與割除的位置無關，他不認為特定的損傷會造成特定能力的喪失。賴胥利提出了「總量工作原則」（大腦整體的動作會決定它的表現），還有「等潛法則」（腦的任何部位都能執行需要的工作，因此沒有特化作用）。[3]

賴胥利在進行畢業研究時受到約翰霍普金斯大學心理學實驗室主任華生的影響，而且和他成為了好友。華生是一位勇於發表意見的行為主義者與「白板派」，他在一九三〇年曾發表著名的言論：「給我十二個健康、手腳健全的嬰兒，讓他們在我自己指定條件的世界中成長。我保證隨便挑一個出來，我都能訓練他成為任何我選擇的領域內的專家——不論是醫生、律師、藝術家，或是大商人，當然就算是乞丐或小偷也沒有問題。他的天分、嗜好、傾向、能力、職業、祖先的種族都不會有任何影響。」[4]賴胥利的總量工作原則和等潛原則非常符合行為主義的架構。

發育神經生物學者先驅之一的威斯提出了更多關於等潛原則的證據。他同樣認為大腦在發展中不是那麼特定的，並以他的實驗為基礎，創造了著名的「功能先於形式」[5]這個說法。他在兩棲類動物蠑螈身上接了額外的一隻腳，接著問題來了：在多的那隻腳上長出來的是特定的肢體神經嗎？或者神經會隨機生長，接著透過這隻腳的使用，而適應成為肢體神經？威斯發現額外接上的那隻腳會受到支配，而且能夠學習和鄰近的腳完全協調並一致的動作。威斯的學生史培利後來也是我的良師，他將威斯受到普遍接受的共鳴原則總結如下：「在這個系統中，突觸連結的生長在下游接觸應該是完全非選擇性的、擴散的、舉世皆然的。」[6]所以當時的想法是，神經系統裡「什麼都有」——（神經元到神經元）並沒有一個有架構的系統。這個理論由賴胥利提出，由行為主義者推動，當時傑出的動物學家也同意。

神經連結與神經特定性

但是神經生理學家海伯並不信服。雖然他和賴胥利一起做研究，但他是一位獨立的思想家，並且開始發展自己的模型。他跳脫了總量工作原則與等潛法則，認為重要的是特定神經連結怎麼開始作用。他之前也否定了傑出的俄國生理學家巴夫諾夫認為大腦是一個大型的反射弧的理論。海伯深信大腦的運作能解釋行為，而有機體的心理學和生物學是不能分割的。雖然這在現在已經是被廣為接受的想法，在當時卻是個很不尋常的論點。不同於認為大腦只是對刺激作出反應的行為主義者，海伯確信大腦一直都在運轉，就算面前沒有刺激也是一樣。他使用一九四〇年代有限的大腦功能資料，努力想研究出一個能掌握這個事實的架構。

海伯以他的研究為基礎，開始假設為什麼會這樣。一九四九年，海伯出版了《行為的組織：神經心理學理論》一書，敲響了激進行為學派的喪鐘，回歸早期的看法：神經連結是最重要的。他寫：「當甲細胞的軸突和乙細胞接近到足以刺激乙細胞，並且會重複或持續對它放電時，其中一個細胞或兩個細胞內都會發生某種成長或新陳代謝變化，使得對乙細胞放電的甲細胞功效增加。」[7]說明白一點，這在神經科學裡稱為「神經元一起放電，一起串連」，形成了海伯提出的學習與記憶論點的基礎。他認為一起放電的神經元群會形成他所謂的「細胞集團」（又稱細胞群），在集團裡的細胞會在觸發事件結束後繼續放電。他認為這種持續性就是一種形式的記憶，而思考就是這些集團的連續活化作用。簡單來說，海伯的看法指出了連結度的重要性具有中心價值，而這至今也還是神經科學研究的中心議題。

海伯的研究重點是神經網絡以及它們如何學習資訊。雖然他沒有特別注意這些網絡是怎麼形成的，但他的理論還是暗示了思考會影響大腦發展。事實上，在海伯一九四七年發表的老鼠實驗中，就顯示了經驗會影響學習。[8]海伯了解，隨著人對於大腦機制的發現愈多，他的理論也會逐步受到修正，但是他對於將生物學和心理學結合在一起的堅持，在十多年後為神經科學的新領域指出了一條道路。

現在開始為人所了解的是，一旦資訊被學習並且儲存，特定腦部區域會用不同的、獨特的方式來使用資訊。然而問題還是存在：神經網絡是怎麼形成的？更簡單一點，大腦是怎麼發展的？

威斯的學生史培利進行的基礎工作成為現代神經科學的骨幹，並且強調了神經獨特性的重要。連結（或者說是神經線路）是怎麼開始的？這個問題讓他深深著迷。他很懷疑威斯對神經生長的解釋，不認為功能性活動在神經迴路形成時扮演了主要的角色。於是史培利在一九三八年開始進行研究，同年，約翰霍普金斯醫學院的兩位醫師，福特和伍道爾也開始對神經系統的功能可塑性開砲。他們重新計算了各自治療的神經新生臨床病患人數，發現他們持續了許多年的功能失調都沒有任何進展。[9]史培利透過觀察改變神經連結對行為造成的影響，來研究老鼠的功能可塑性。他調換了每隻老鼠後腳的相對屈肌和伸肌肌肉的神經連結，使得腳踝運動顛倒，藉此觀察動物是否會如威斯的功能主義觀點預測的那樣，學會如何正確使用牠們的腳。他很驚訝地發現，儘管經過長時間的訓練，老鼠依舊無法適應新的神經連結。[10]舉例來說，爬樓梯的時候牠的腳應該要往下，但牠卻會往上，反之亦然。他原先假設應該會有新的迴路被建立起來，讓神經元恢復正常的功能，但結果顯示運動神經元是不可交換的。接下來他試了感覺系統，把一隻腳上的皮膚細胞換到另外一隻腳上。再一次地，這些老鼠還是會有錯誤的參照感覺：當右腳受到電擊時，牠們會抬起左腳；當右腳疼痛時，牠們會舔左腳。[11]牠們的運動和感覺系統都缺乏可塑性。威斯在實驗裡選擇蠑螈做為人類的模型是個不幸的錯誤，因為只有魚、青蛙、蠑螈這些低等脊椎動物的神經系統才會新生。史培利回歸到最早由史上最偉大的神經科學家卡哈爾在二十世紀初期提出的概念：有一種趨化作用會調節神經纖維的生長與終止。

史培利認為，神經迴路的生長來自針對神經連結高度特化的基因編碼。他進行了數十個巧妙的實驗證明他的觀點。在其中一項實驗裡，他只是抓了一隻青蛙，動手術讓牠的眼睛上下顛倒，接著當青蛙面前出現蒼蠅時，牠的舌頭就會往相反的方向伸出去。就算眼睛維持在這個位置好幾個月，青蛙還是會往錯誤的方向抓蒼蠅。神經系統具有明確性：不是可塑的，也不能適應新情況。後來他拿了一隻金魚，把牠的視網膜切掉一部分。隨著神經新生，他觀察金魚中腦負責接收眼睛輸入的部位，也就是視覺蓋裡面的神經會怎麼生長。結果生長的方向相當特定：如果神經從視網膜的後方開始生長，就會長到視覺蓋的前面，如果是從視網膜的前方開始生長，就會長到視覺蓋的後方。換句話說，不管從哪裡開始，它們都會往一個特定位置生長。史培利得到的結論是，「只要中樞纖維系統的連結中斷、被移植，或者只是靠粗糙的手術切割、勉強拼湊，重新生長總是會讓功能有秩序地恢復，並且會排除再教育的調整。」[12]後來在一九六〇年代，科學家已經可以確實地觀察到神經生長並且拍攝下來，結果揭露神經的生長末梢會持續長出「微絲」，又稱為「觸角」，往四面八方探索，當感覺到神經元可以往哪一個方向延伸生長時，會拉長或縮回。[13]史培利堅持是化學因子決定哪一根微絲會主導與決定生長路線。在他的神經生長模型裡，神經元會往外生長，利用這些小小的絲狀偽足（也就是神經細胞細長的細胞質凸出物）尋找它們在腦中的連結，決定要往哪個方向走，換句話說是試水溫；而因為有一個化學梯度，所以它們可以找到往某個特定位置的方向。

這個基本概念帶出了「神經特異性」這個至今在神經科學界都流傳甚廣的觀念。史培利原本的模型已經在些微的調整與修正後改變了，但他對神經生長的概略模型還是不變。神經元的生長與連結會受到基因控制，這個機制導致的整體結果，就是在脊椎動物的世界裡，所有大腦的組織結構大致是相同的。庫碧絲是加州大學戴維斯分校一位演化神經生物學家，她認為所有物種可能都有相同的基因，決定了皮質的共通基因模式。她總結：「這就能解釋為什麼我們檢視的所有哺乳類，一直有一個關於發展的組織或藍圖的共通計畫，也能解釋為什麼某些看來並不使用特定感官系統的哺乳類，腦中還是有退化的感覺器官和皮質區。」[14]雖然腦的某些部位會因為頭骨和大腦不同的尺寸與形狀而被推擠，但整體的關係都是遵守一個相同的計畫。

雖然賴胥利和威斯的實驗看來似乎呈現出大腦不同的區域是無差別的、可互換的，但史培利證實其實反過來才是對的：大部分的皮質網絡，在基因上就已經被某些化學物質或生理化學的途徑與連結的編碼所決定。這是一種固定接線式的看法，認為變異、遷徙及神經細胞的軸突引導，都是由基因控制的。但是這種純粹先天論的觀點有一個問題，那就是他們認為心智所擁有的想法都是天生的，並非從外在來源所衍生。而海伯預先料到了這種想法的限制。

經驗

史培利在一九六〇年代初仔細調整了他的神經發展理論，而大約在同一段時間，一位年輕的英國生物學家馬勒開始對鳴禽著迷。這些鳥從牠們的父親那裡學會唱牠們的歌。馬勒在進行植物學田野調查時注意到，在不同地區的同一種鳴禽，唱出來的曲子或多或少有點不同（他稱之為方言）。白冠麻雀（又稱白冠帶鵐）讓他發現，麻雀的幼鳥很有學習熱忱，而且可以在大約三十到一百天大的這段短短的敏感期中學會各種聲音。他想知道自己能不能透過控制牠們所接觸到的曲子，控制牠們能學會的內容。他將處於敏感期的幼鳥隔離，讓牠們暴露在當地方言曲調或外地方言曲調的環境。結果這些幼鳥學會的是牠們所接觸的環境中的方言，所以牠們學會的方言是靠牠們的經驗所決定。接著他又想知道，如果讓牠們暴露在屬於另一種麻雀唱的、有細微差異的曲調環境中，牠們能不能學會這種曲調。他試著將在牠們的棲息地也很常見的另一種麻雀曲調和原本的輪播，但這些幼鳥只學會了自己這種麻雀的曲調。[15]所以儘管牠們學會的曲調方言會依照牠們所接觸到的類型而定，但牠們能學會的曲調多樣性還是非常有限。關於牠們能學會什麼，是由既定的神經元限制的。這些內建的限制讓所謂「白板派」面臨一個問題，但並不讓傑尼感到驚訝。

選擇與指導

在一九五〇年代，著名的瑞士免疫學家傑尼撼動了免疫學界的核心。當時免疫學家幾乎完全無異議地同意抗體的形成和學習過程一樣，由抗原扮演指導的角色。抗原通常是組成部分細胞表面的蛋白質或多醣體，這些細胞可以是微生物，例如細菌、病毒、寄生物，也可以是非微生物的花粉、蛋白，或是來自植入器官、組織，或者輸入血液細胞表面的蛋白質。但傑尼指出，其實情況不是這樣的，他認為當抗原出現時，並不是有一個針對此抗原特別設計的抗體形成，而是身體天生就有各種它將能形成的抗體，抗原只是被這些天生的抗體之一認出來，或是被選上了而已。沒有任何的指導過程，這只是一種選擇。這種複雜性內建在免疫系統裡，並不會隨著時間過去而變得更複雜。他的看法就是現在所謂「抗體反應」與「無性繁殖選擇學說」的基礎（後者又稱「克隆選擇學說」；「克隆」指的是白血球——也就是淋巴細胞——的無性增生，這種細胞的表面帶有受體，會與入侵的抗原結合）。大部分的抗體永遠都不會遇到相符的外來抗原，但是那些接觸到抗原的就會被啟動，製造很多無性繁殖複製品，和這些抗原結合，使這些入侵的抗原失去活動力。

傑尼繼續撼動著世界。他後來提出，如果免疫系統是以這樣的選擇過程發揮作用，那麼其他系統很有可能也是這樣，包括大腦。傑尼在一九六七年寫了一篇文章，名為〈抗體與學習：選擇或指導〉[16]，內容討論將大腦視為對選擇過程做出反應，而非對指導做出反應的重要性。大腦並不是一團沒有差異、什麼都能學的東西，就像免疫系統也不是一個無差別系統，不是什麼抗體都能製造。他提出了令人訝異的說法，認為學習可能是透過我們天生擁有的、已存在的能力進行分類之過程，好讓這些能力能應用於我們在某個時候面對的特定挑戰。換句話說，這些能力都是基因決定的，是針對特定種類的學習而特化的神經網絡。經常使用的例子就是，讓人學會怕蛇很簡單，但學會怕花卻很難。我們有天生的模板，會在我們偵測到草叢中類似滑行的某些動作時，誘發恐懼的反應，但對花就沒有這種天生的反應。就像免疫系統一樣，這種複雜性的概念是內建在腦中的，我們在上面用白冠麻雀學唱歌的例子來解釋的特化性也是一樣。最關鍵的概念是，這是從已存在的能力去做選擇的，但這也暗示了限制：如果這項能力不是內建的，那它就不存在。

在族群生物學裡有一個很有名的選擇作用例子，是在達爾文的原始教室，也就是加拉巴哥群島所觀察到的。一九七七年的一場旱災使得大部分生長種子的灌木都沒有結果實，中型地雀成鳥的死亡率因而變高。以種子維生的地雀的喙有各種尺寸，而且牠們的生活和牠們的喙息息相關。喙比較小的雀鳥敲不開木質的蒺藜果實和硬質種子，但是有大喙的雀鳥就可以。在乾旱時，木質類的種子就比例上而言是很常見的，稀少的軟質種子很快就被大家一掃而空，只留下大喙雀鳥才能吃較大、堅硬的種子。因此小喙的雀鳥死亡，留下大喙的雀鳥：這是從既存的能力中所做的選擇。隔年存活下的鳥的後代體型偏大，喙也比較大。[17]

目前對腦的看法，並不是像賴胥利、華生、威斯描述的那樣。他們的模型將大腦看做一團無差異性的東西，隨時準備學習，他們認為任何腦都能學習任何事。對於這樣的腦而言，要教導它享受玫瑰的芬芳與臭掉的蛋的氣味是一樣簡單的，要讓它害怕花就和讓它害怕蛇一樣容易。我不知道你們的情況是怎麼樣，不過從廚房傳出的臭蛋味道可不會讓我的晚餐賓客開心，不管他們來吃過幾次晚餐都一樣。史培利挑戰了這個概念，認為大腦是以非常特定的方式建立的，基因決定了一切，而且我們從寶寶工廠出來的時候就幾乎都安裝好了。這樣的解釋雖然能解釋大部分的事實，卻無法解釋後續研究接二連三所帶來的所有資料。它無法完全解釋馬勒的鳴禽實驗。

活動依附過程

結果就像神經科學常見的那樣，事情不是這麼簡單。王興、坎斯和他們的同僚研究的是青蛙腦中視覺蓋的神經生長，他們發現只要提供光線的刺激就能提高神經生長率，增加突出的分支數量，也就是神經細胞頂端的樹狀突脊的數量。這些樹狀突脊負責處理來自其他神經細胞的電流刺激，統稱為「樹突」。因此，加強的視覺活動其實會帶動神經生長。[18]生長並不像史培利所說的，只受到一種由基因導致的趨化作用（細胞朝某種化學物質移動）影響。實際的神經元活動，也就是它的經驗，也會帶動它的生長與後續形成的神經連結。這是所謂的**活動依附過程**。

討厭的是，最近的結果顯示以前媽媽說的對：我當初應該好好練鋼琴的。事實上，練習任何運動技巧都會讓技巧更臻完美。練習不只會改變突觸的功效，[19]最近還發現活老鼠身上的突觸連結會迅速對運動技巧訓練與永久的新連結做出反應。[20]訓練一個月大的老鼠運用牠的前肢，可以迅速地（在一小時之內！）形成樹狀突脊。在訓練過後，一些舊的突脊會被消除，在學習過程中形成的新突脊也會穩定，整體的突脊密度就會回到原本的數量。這些研究人員也證明了，不同的運動技巧是由不同組的突觸所編寫的。好消息是，對我來說（或至少對老鼠來說），現在聽媽媽的建議可能還不算太晚，練習新的任務也會促進成人的樹狀突脊形成。壞消息是，我還是需要練習。動作學習看起來是實際的突觸重新組織的結果，穩定後的神經連結看起來是持久的動作記憶的基礎。

聯想學習（又稱關聯性學習）是另一個經驗能改變神經連結的例子。如果你看過電影《奔騰年代》，你應該記得「海餅乾」這匹馬重新接受聽見鐘響就開跑的訓練情況。當鐘即將響時，這匹馬的背上也會受到短馬鞭的重擊，引起牠的「飛行」反應，然後牠就會開始跑。在幾次的嘗試過後，牠只要聽到鐘響就會跑了，而且還跑贏了東岸冠軍馬「戰將」。

因此，儘管整體的連結模式會受到基因的控制，但來自環境的外在刺激與訓練還是會影響神經生長與連結。目前對腦的看法是，它的大範圍規畫是由基因控制的，但是區域性的特定連結則是依附活動、經驗，以及基因外修飾因素的作用。先天與後天都很重要，所有觀察力敏銳的父母或寵物主人都知道這一點。

預先存在的複雜性

人類的發展心理學充斥著許多例子，顯示小寶寶在本能上就知道物理學、生物學、心理學。哈佛大學的絲貝克與伊利諾大學的貝拉潔恩多年來都在研究寶寶對物理學知道多少。成人覺得這種知識是理所當然的，而且也不會懷疑從何而來。比方說，你桌上的咖啡杯通常不會吸引你太多視覺上的注意。可是，如果你突然看到你的咖啡杯往天花板靠近，這就會大大吸引你的注意了，而且你會直盯著它看，因為它違反了重力。你會預期物品要遵守一套規則，如果沒有，你就會盯著它們看。就算你在學校裡沒有學過重力的知識，你還是會盯著那個杯子看。相同的道理也適用於寶寶，如果他的奶瓶突然飛到天花板上，他就會盯著它看。

因為考慮到寶寶看著不符合一套規則的物品的時間會比較長，研究人員整理出來寶寶心目中的規則：貝拉潔恩把一顆球放在三個半月大的寶寶前面，接著用一個屏幕遮住這顆球，然後她偷偷把球移走。等到屏幕落下，球卻不在原地時，寶寶都很驚訝。這是因為他們似乎已經了解物理學，知道物質不會通過物質。才三個半月大的寶寶就會預期物品會長久存在，不會因為看不見了就消失。[21]在其他許多的實驗中，絲貝克和貝拉潔恩也證明嬰孩會預期物品會凝聚在一起，而不是一拉就自動分成碎片。他們也會預期物品通過屏幕後還是會維持同樣的形狀，並且再次出現，一顆球不會變成一隻泰迪熊。他們預期東西會沿著連續的路線移動，不會跳過空間中的缺口。他們也會假設部分被遮住的形狀：當視線中的半顆球體全部出現時，應該是一顆球的樣子，不應該有腳。他們也會預期除非有東西接觸物體，否則它不會自己移動，而且物體也應該是固態的，不會通過另外一個物體。[22]這種知識是基因決定的，而且我們天生就有。我們怎麼知道這不是學得的知識？因為世界各地的寶寶，不論他們曾接觸的環境如何，在同樣的年紀都知道一樣的事。

預先存在的複雜性也似乎建立在人類的視覺系統中。在人類感知的層面還有很多其他天生就有的自動化過程。比如說在視覺領域中，眼見不一定為憑。長久以來我們都知道，兩個亮度測量出來是相同的正方形，放在不同的背景前，看起來的明亮程度會有所不同。在顏色比較深的背景前的灰色正方形看起來比較亮，但同樣亮度的正方形在淺色背景前看起來比較暗。

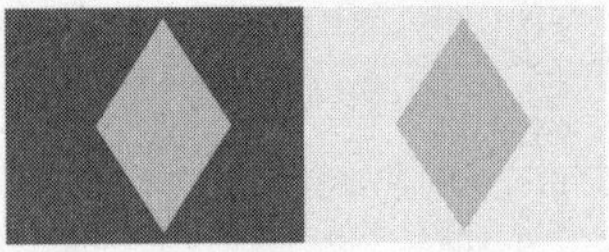

物體的發光性基本上是由照在上面的光、表面的反射，還有觀察者與物體之間空間的傳遞媒介（例如有沒有霧或是濾光鏡）所決定。對一個物體發光性的感知就是所謂的亮度。然而物體的發光性和被感知到的亮度之間，並沒有一個簡單的相關性。如果這三項變因中的任何一項改變了，那麼接觸到眼睛的光的相對強度，會依照三項變因的組合有所改變或不變。比方說，看看你坐著的房間的四面牆，上面可能都漆了同樣的顏色，但也許有一面比其他面亮，因為它被照明的方式不一樣。有一面牆可能看起來是亮白色的，但另一面是淺灰色的，第三面可能是深灰色的。晚一點再回來，光線改變了，這些牆的亮度可能也變了。因此，視覺刺激的來源以及組成刺激的元素之間並沒有固定的關係，視覺系統也不可能了解這些因素是怎麼組合起來，以產生到達視網膜的影像的發光值。

為什麼會演化出這樣的系統？杜克大學的研究人員伯維司、洛透和同僚指出，成功的行為需要的是和刺激來源相容的反應，而不是該項刺激可測量的特質：這只能藉由過去的經驗習得——包括個人的過去與演化的過去。[23]比方說，學到掛在葉子形成的背景前的成熟水果的發光性，比學到水果明確的可見特質更有利。換句話說，他們認為視覺會引導行為。「如果這個想法正確，那麼在同樣光源下，當刺激物與反射度相似的目標表面一致時，這些目標看起來就會一樣亮。然而當刺激物與和過去視覺系統經驗中，在不同發光程度下反射性不同的物體一致時，這些目標看起來亮度就會不一樣。」[24]重點是，我們在認知上並不會意識到這件事。我們的視覺感知系統在選擇的過程中，已經演化成內建有這種自動化的複雜機制。

走向智人之路

古人類學家估計，現代人和黑猩猩相同的祖先大約存活於五百萬年前到七百萬年前之間。

由於某種原因（常見的說法是氣候改變，繼而可能使糧食供應改變），造成了我們共同支系的分裂。在幾次錯誤的開始與不成功的分歧之後，終於有一個支系演化成黑猩猩（學名 *Pan troglodytes*），另外一支則演化成智人。雖然我們智人是這一支系唯一存活下來的人科動物，但我們其實有很多前輩。這些人科動物留下的少數化石，提供了關於我們如何演化的一些線索。

我們最早的兩足祖先

有一種人科動物的化石特別掀起了波瀾。一九七四年，喬漢森震撼了人類學界，因為他挖掘出第一個推估是四百萬年前的化石，這是後來所謂阿法南猿的遺骸。當時發現了將近百分之四十的骨骸，而部分的骨盆骨顯示這個遺骸屬於雌性：也就是現在很出名的「露西」。不過，造成震撼的不是因為發現露西，讓人震撼的是她可完全以兩足行走，但卻沒有大尺寸的腦。在發現露西之前，一般認為我們的祖先是先演化出了大腦，接著因為這個腦袋的聰明才智才出現了兩足行走。幾年後，到了一九八〇年，莉基發現了可追溯到三百五十萬年前的阿法南猿腳印化石，其形狀、外觀、重量分布都和我們的腳印幾乎一模一樣。這提供了更多證據，證明雙足行走在演化出大腦之前，就已經發展完整了。更近代的懷特與同僚有另一個吸引人的發現。他們找到了很多化石，包括四百四十萬年前的阿法南猿的一隻中型的腳。[25]隨著每一個化石的發現，理論學家就得從頭再來一遍。懷特與他的國際小組現在認為，我們和黑猩猩最後的共同祖先，比一般所認為的還要不像黑猩猩，而黑猩猩本身在分支後所經歷的演化改變，比過去認為的還要多。

其中一位理論學家是心理學家費斯汀格。他對於現代人類的起源很好奇，想知道到底我們的哪一個祖先可以被認定是最早的人類。他指出，雙足行走一定是「相當於災難的劣勢」[26]，因為不管在奔跑或是攀爬時，雙足行走都會大幅減少移動的速度。此外，四足動物就算只靠三隻腳都還是能跑得很好，但一隻腳受傷的雙足動物就沒辦法了。這樣的劣勢顯然使得雙足動物在獵食者面前更脆弱。

成為雙足動物還會帶來另外一種劣勢：產道會比較小。就物理上而言，較寬的骨盆會使得雙足行走變得不可行。以胎兒來說，靈長類的頭蓋骨是由數塊骨板所形成的，這些骨板會在腦的上方滑動，出生後才會合起來。這樣頭骨才夠軟、夠有彈性，好讓嬰兒能夠通過產道，並且讓腦在出生後還能夠繼續生長。人類寶寶的腦在出生的時候大約是黑猩猩寶寶腦的三倍大，但發展程度並沒有黑猩猩寶寶高。因此，如果和其他人猿類相比，我們是早產一年的。這造成了另外一個劣勢：人類寶寶很無助，需要比較長時間的照顧。然而在出生後，小孩和黑猩猩的腦的發展就出現了顯著差異。小孩的腦到青春期還是會繼續擴張，而且透過這段可塑期內的各種去蕪存菁與影響，人腦的尺寸也變成三倍大，最後的重量約是一千三百公克。然而黑猩猩的腦在出生時大約就已經發展完成，最後的重量大約是四百公克。

雙足行走一定有某些優勢，使得我們的祖先可以生存並且成功繁殖。費斯汀格認為，這些人科動物擁有的優勢並不是他們多出兩隻肢體來做移動以外的事，他們的優勢在於他們擁有具有足夠創造力的腦，讓他們想出來這些「移動以外的事」可能有哪些：「不論是過去或現在，手臂和手都不像人類的腿是那樣的特化肢體。人想出了許多使用手臂和手的方法——『想出』就是關鍵字。」在深入思考阿法南猿化石之後，洛夫喬伊提出這樣的說法：男性會使用這些可運用的肢體搬運食物給女性，以食物交換性，繼而造成了在生理學上、行為上、社交上的改變，這些改變的總和則帶來了後續的影響。[27]費斯汀格認為，創造力與模仿推動了大腦的演化：「所有生活在兩百五十萬年前左右的人類都不需要有製造邊緣尖銳的工具的想法……只要有一個人，或是一個小團體發明了新的流程，其他人就可以模仿並學習他們，而他們也的確這麼做了。」我們人類大部分的所作所為，都是起源於某一個人的好點子，然後我們都學他。是誰用那些長相毫不起眼的豆子弄出第一杯咖啡的？是和我有著不一樣腦袋的別人。不過幸運的是，我不需要凡事都靠自己從頭做一遍，我可以利用別人的聰明點子。發明和模仿普遍存在於人類世界，但在我們的動物朋友身上的稀有程度令人難以相信。

移動速度變慢、獵食者增加雖然看起來是劣勢，但可能也是促使許多認知改變的偉大力量。那個很早就有創造力的腦必須先解決獵食者的問題，這就是「需要為發明之母」這句話的由來。在智取獵食者的兩種方法當中，有一種是變大與變快——這是一個很難做到的選項。另外一種方法是住在大的群體中，增加守衛與保護的能力，同時也使得狩獵和採集更有效率。多年來大家提出了許多的想法，試圖了解是什麼力量使得人科動物的腦銳不可當地變大。經過去蕪存菁後，現在看來是兩項要素推動了天擇和性擇的過程：比較大的腦需要更昂貴的新陳代謝，因此一項要素就是可以提供更多卡路里以滿足這種需求的飲食；另一項要素就是因為保護自己而必須居住在較大的團體，所隨之衍生的社交挑戰。

我們的腦比其他動物大的這件事，就可以說明我們和牠們之間的差別嗎？

霍洛韋提出「大」腦觀點

人類的能力只是比較大的腦的一項功能，這種看法出自於達爾文，他寫下：「人類和其他高等動物間的差別雖然相當大，但也只是程度上而非種類上的差別。」[28]他的擁護者與盟友是神經解剖學家赫胥黎，他認為人類的腦除了尺寸之外，並沒有任何其他的特色。[29]這種認為人腦和我們靈長類近親的腦之間只有尺寸差異的看法，直到一九六〇年代都是毫無爭議的。接著霍洛韋加入了戰局，他現在是哥倫比亞大學的人類學教授。他提出，認知能力的演化改變是大腦重新組織的結果，並非只是尺寸的改變。[30]他寫下：「我在一九六四年之前就得到了這個結論，當時我在一場研討會發表演講……證明有些人類畸形小頭症者的腦，就算小到可能會被一些大猩猩嘲笑，他們還是可以說話。對我來說，這表示他們的腦中有某樣東西的組織方式是和類人猿不同的。」[31]到了一九九九年，最早發現人猿和人類的大腦組織間微觀差異的普尤斯與同僚終於為霍洛韋的說法提供了一些生理上的證據。[32]

演化生物學家德溫特和奧克斯納德也提供了更多的支持。他們提出的看法是，大腦尺寸和它的功能有關。他們用三百六十三個物種的腦部比例進行多變項分析（一次分析超過一個統計變數），發現以相近的生活形態（移動、採集、飲食）而非動植物種類史的（演化的）關係為基礎，更容易找到腦部比率相近的群體。舉例來說，美洲大陸的食蟲類蝙蝠腦部比例比較接近歐陸的肉食類蝙蝠，而不是牠們在動植物種類史上的親戚——美洲大陸的食果類蝙蝠。德溫特和奧克斯納德的分析顯示，在同一種生活方式的群體中的物種會有類似的腦部組織，腦部關係的聚合與平行最有可能和跨越動植物種類史團體的**生活方式**之聚合與平行有關。[33]在三百六十三個物種的研究中，落在自己的團體裡的人類，是唯一有雙足行走的生活方式的物種。他們發現人類和黑猩猩大腦組織間的標準差，是意義極為重要的二十二。*他的結論是：「人腦組織的本質和黑猩猩非常不同，而黑猩猩本身幾乎和其他類人猿沒有差異，甚至和舊世界的猴子也沒什麼不同。」[34]

達爾文斷定差異只在於程度並不令人驚訝。雖然所有物種本身都是獨特的，但我們其實是由相同的分子和細胞積木組成的，也是以相同的天擇原則演化而成，這在我們先前假設人類獨有的東西出現之前，就已經被觀察到了。可是耶魯神經解剖學家拉基許提醒我們，而且其他人也可能會這麼警告：「我們都受到物種內與物種間皮質組織顯著的相似性所吸引，以至於忘記我們應該從差異中去尋找造成我們認知能力上升的演化發展。」[35]

雖然關於人腦和其他動物的腦究竟如何不同，以及人類以外的動物的腦彼此之間，到底是量與質的差異等這些問題依舊爭議不斷，可是證明腦袋確實在「質」方面有差異，也就是種類差異的證據，遠比「量」的差異來得有說服力許多。偉大的心理學家普瑞馬克多年來一直嘗試教導黑猩猩使用語言，他與拉基許站在同一個陣營：「看見動物和人類有一種相似的能力，應該會自動引發下一個問題：相異之處是什麼？這個問題能夠避免把相似性錯當成同等性。」[36]

普瑞馬克強調的一個主要相異處是，其他動物的能力並不會類化：每一個物種都有一組極度受限的能力，這些能力是針對受限的單一目標的適應結果。叢鳥會為了「未來的食物」這個單一目標做計畫，但牠們不會為了其他的事做計畫，也不會在野外教導後代或製作工具。烏鴉會在野外製作工具，但目的只有取得食物，而且牠們不會計畫也不會教導後代。狐獴在野外不會計畫也不會製作工具，牠們唯一會教導年幼狐獴的，就是怎麼吃下有毒的蠍子而不會被刺到。牠們都不能讓牠們的技巧適應不同的領域：狐獴只會教導年幼者怎麼安全地吃蠍子，可是人類會教導年幼者所有的事，而且被教導的能力通常會類化到其他技巧。簡單來說，教導與學習都已經被類化。

---

*標準差測量的是在平均值周圍的資料分布，如果標準差很大，變異性就很大。正常的資料分布通常會落在平均值的正負三個標準差之內。

和其他動物一樣，人類能力的核心要素也演化成特定的適應作用，人類擁有數量無與倫比的高度發展能力，都是以這種方式演化而成的。這些能力組合後，帶來了解決一般問題的額外能力，使人類擁有獨一無二的領域類化能力，結果就是能力的大爆炸以及人類情況的實現。現代神經解剖學家很快指出，當你從靈長類的梯子爬到人類的位置，你並不是像過去假設的那樣只是增加額外的能力而已，*而是你的整個腦袋都徹頭徹尾地重新排列了。不過我們還有這麼一個棘手的小問題：腦裡面究竟發生了什麼事，使得人類擁有這種強大的能力？這是怎麼出現的？你要怎麼掌握它？對於想保住工作的人以及今天的研究生而言，很幸運的是這個謎團尚未解開。不過當中有一些祕密已經要揭曉了，也就是我們將要探討的這些事。

人腦表現出的生理差異

這些對於大腦理論的攻擊，使得研究人員開始使用顯微鏡與更先進的技術計算細胞、將細胞染色，希望能藉此了解更多細節。現在，大腦理論的基礎在我們眼前出現了一道難以跨越的巨大裂縫。

不是因為比較大所以比較好

甚至早在一九九九年我們看到人腦與動物腦間的微觀差異之前，就已經有幾個問題為「大」腦理論蒙上陰影。尼安德塔人的腦比人類稍微大一些，但是從來沒有表現出我們所擁有的這麼多能力。在歷史發展過程中，智人的腦尺寸還曾經變小。我在研究接受過裂腦手術的難治型癲癇症患者時注意到了這個問題。這個手術過程會切斷連接兩個腦半球的大神經束，也就是胼胝體，避免電脈衝的散布。然而這些病患被隔離、沒有從右腦接收到任何訊息的左腦（就本質上來說喪失了一半的大小），依舊和整個腦一樣聰明。如果腦的量有這麼重要，你應該會認為失去半邊的腦會對問題解決與假設造成影響，但並沒有。

擁護神經細胞數量的理論現在又碰到了另外一個問題。如同馬克吐溫說「關於我死訊的報導都太誇張了」一樣，說人類的腦比與我們相同體型的猿猴應該有的腦尺寸還要大，也是誇飾的說法。阿茲范多與同僚在二〇〇九年使用了一種計算神經元的新技術，[37]發現以神經細胞和非神經

*三位一體的腦模型是麥克林假設的。在這個模型裡，腦的結構以它的演化發展為基礎分成三層，分別是最早的爬蟲層、覆蓋在上面的邊緣系統，以及包圍著這兩層的最新的新皮質層。基本上他認為我們會隨著演化一直增加腦的層級，就像把一輛車放到一輛火車上那樣。我稱之為演化的火車理論。

細胞的數量而言，人腦的確是靈長類的腦成比例增加後的尺寸。這個腦就是和我們體型相同的靈長類應有的，並沒有相對數量較多的神經元。*他們也發現人腦結構中的非神經腦細胞與神經元的比例，和在其他靈長類腦中發現的比例相似，而且細胞數量也符合依人類比例的靈長類應有的數量。事實上以體型來說，人類並不是在靈長類當中腦袋大得出奇、與眾不同的那一個。根據他們的結論，紅毛猩猩和大猩猩才應該覺得不好意思，因為以牠們的腦尺寸來說，牠們的體型才是大得出奇。

人腦平均有八百六十億個神經元，但其中的六百九十億個位在小腦，這是腦後方的小型構造，幫助動作控制得更精細。整個皮質，也就是我們認為人類思想與文化的源頭，只有一百七十億個神經元，而剩下的腦擁有不到十億個神經元。儘管前額葉和前額葉皮質區是人腦中和記憶與計畫、認知彈性、抽象思考、開始適當行為與抑制不當行為、學習規則，以及從五官感知中挑選出相關資訊的地方，可是和皮質上的視覺區、其他感覺區，以及運動區相比，這裡的神經元數量卻少了非常多。前額葉比腦部其他地方大的，是神經元的樹狀分支，也就是神經元樹突尖端的分支，帶來增加連結的可能性。

現在腦解剖學家的工作來了。如果人類神經元數量就是黑猩猩腦中數量的等比例增加，那麼它們的連結模式或是神經元本身就一定不一樣。

連結度改變

當腦的尺寸增加，增加的是神經元的數量、它們的連結，還有神經元之間的空間。人腦皮質量比黑猩猩大了二・七五倍，但神經元只多了一・二五倍，[38]這暗示很多增加的質量是來自細胞體之間的空間，以及塞滿這些空間裡的東西。這個空間是所謂的神經纖維網，裡面充滿了組成連結的東西：軸突、樹突、突觸。一般來說，這個區域愈大，連結就愈好，[39]因為有愈多的神經元和其他更多的神經元連結在一起。然而隨著腦袋放大，如果每個神經元都要和其他的神經元連結，那麼連結數量的增加，以及要延伸跨越較大的腦的連結長度增加，都會使得神經訊息處理速度變慢，對整體的益處就會變得微不足道。[40]事實上，不是每個神經元都和其他的每個神經元連結在一起。連結度的百分比有下滑現象。到了某一刻，隨著腦的絕對尺寸與神經元的總數增加，成比例的連結會減少，內部構造也會隨著連結模式的改變而改變。為了增加新功能，成比例連結的減少會迫使大腦特化，因此出現了由互相連結的神經元群組成的小型區域迴路，負責執行特定的處理工作，成為自動化的反應。它們的處理結果會送到腦的其他部位，但為了達到這個結果而

---

*他們判斷成人男性的腦平均包含八百六十億個神經元，八百五十億個非神經細胞。而雖然大腦皮質占了腦質量的百分之八十二，但上面只有百分之十九的腦神經元。大部分的神經元，也就是剩下的百分之七十二，都在占了腦質量百分之十的小腦。

使用的運算過程則不會。所以當我們在討論視覺感知的問題時，這個處理的結果（判斷灰色方塊看起來比較淺或是比較深）就被送出來，但達到這個結論前的處理步驟並沒有。

過去四十年的研究顯示人腦有數十億個神經元，組織成區域性的、特化的迴路，負責特定的功能，這就是所謂的模組。比方說，雷切爾、彼得森、波斯納所做的神經造影研究，就是人腦中有不同迴路同時在平行運作、處理不同輸入的一個例子。腦有一個部位會在你聽見語言時做出反應，另外一個部位則會在看見文字時有反應，還有一個部位會在說話時有反應，而且這些部位都可以同時運作。[41]林葛了解到，因為比較大的腦需要較少的成比例連結，所以會有比較多的特化網絡，他也指出這解釋了賴胥利的老鼠以及牠們的等潛腦的問題：牠們小尺寸的腦還沒有形成特化迴路，因為這是較大的腦才有的特徵。現在我們在討論中再加上普尤斯的看法：「發現皮質多樣性可說是再令人為難不過的了。對於神經科學家來說，多樣性代表了：利用老鼠與恆河猴之類的少數『模式』物種做的研究去概括皮質組織，根本就是建立在薄弱的基礎上。」[42]

綜觀哺乳類動物的演化，隨著腦尺寸的增加，腦部演化上最年輕的部位——新皮質，也不成比例地增加了。六層的新皮質由神經細胞所組成，正是名偵探白羅先生所謂的「小小的灰色細胞」。新皮質就像一張很大的、有皺摺的餐巾，放在大腦皮質上面，負責感官感知，產生運動命令、空間感、意識與抽象思考、語言和想像。神經新生的時機會調節尺寸的增加，而這當然是受到DNA控制的。隨著發展時間愈長，細胞分裂也愈多，因此腦也變大。腦最外圍是細胞上顆粒層（第二和第三層），這裡是最晚成熟的，[43]而且主要是往皮質內的其他位置伸出去。[44]關於這些皮層，我們實驗室的賀斯勒做了一個很重要的觀察：靈長類比其他哺乳類有更多第二、第三層神經元成比例地增加，這些神經元組成了靈長類皮質厚度的百分之四十六，食肉動物皮質的百分之三十六，囓齒類動物的百分之十九。[45]這一層比較厚，是因為這裡的皮質區域間有密集的連結網絡。很多研究人員認為，這一層和這裡的連結透過聯繫動作、感覺，以及相關的區域，在高等認知功能中占有重要的地位。這些皮層在不同物種身上的厚度不同，也許是與不相等的連結度相符的暗示，[46]而不同的連結度可能在不同物種的認知與行為差異中扮演了一個角色。[47]新皮質尺寸增加讓區域皮質迴路能夠重新編排，增加連結數量。

然而隨著靈長類腦尺寸的增加，胼胝體這個在兩腦半球間傳遞資訊的大神經纖維束就成比例縮小了。[48]腦部尺寸的增加因此和兩個腦半球間減少的溝通有關。隨著我們往人類的情況演化，兩個半球的關係也愈來愈不緊密。在此同時，兩個腦半球內部的連結數量，也就是區域迴路的數量則增加了，形成比較多的區域處理。儘管很多迴路會在腦的兩邊對稱複製（例如右腦有主要負責控制左側身體運動的迴路，左腦則有負責控制右側身體的迴路），但還是有很多迴路只存在一邊的腦。側化的區域迴路，也就是只出現在某一個半球裡的迴路，在人腦中隨處可見。我們在過去幾年裡已經了解很多動物物種在神經解剖學上的不對稱性，但人類擁有側化迴路的程度似乎遠超過其他動物。[49]

有一些側化的架構必定早就出現在我們和黑猩猩共同祖先的身上。比方說，我的同僚漢密爾頓和薇蜜兒在研究獮猴認知臉孔的能力時，就發現猴子右腦辨認猴子臉的能力比較優越，[50]人類辨識人臉也是如此。其他人則發現，人類和黑猩猩的海馬迴都不對稱（這個結構負責調節空間記憶、情緒、食欲、睡眠的學習與加強），右腦的會比左腦大。[51]然而人科動物這一支則經歷了更多的側化改變。在研究其他靈長類與人類間的不對稱性的過程中，涉及語言的區域受到最多研究，而且很多不對稱都是在語言區發現的。以顳平面為例，這是威尼基區的一部分，是與語言輸入有關的皮質區域；人類、黑猩猩和恆河猴左腦的顳平面比右腦的大，但是人類左腦的部分又有很細微的獨特性：這裡的皮質功能柱*比較寬，彼此間的空間也比較大。這樣所導致的不同神經結構可能暗示了左腦處理資訊的方式比較精細、較少冗餘，可能也顯示在這個空間裡還有別的、尚未為人所知的組成部分。後語言區與布洛卡區都與話語的理解與製造有關，這裡也有皮質結構的不對稱性，顯示這裡曾經有一些連結的改變，並且是造成這種獨特能力的原因。[52]

在裂腦症研究的早期，我們碰到了另一個出乎意料的解剖學差異。在黑猩猩和恆河猴的腦中，連結左右腦顳中迴與顳下迴的前聯體和視覺資訊的轉移有關，[53]可是我們從比較近期的裂腦症患者研究中發現，人類的前聯體並不會轉移視覺資訊，而是轉移嗅覺與聽覺的資訊：同樣的結構，不一樣的功能。另外一個值得注意的差異，是猴子和人類都有的，從眼睛的視網膜伸到枕葉的主要視覺皮質（位在腦的後方）的主視覺通道。視覺皮質受損的猴子還是能看見空間中的物體、區別顏色、發光性、方向與模式，[54]然而受到同樣損傷的人類卻不能達成這些任務，會是盲的。這種相對應腦神經束的能力差別凸顯了一個事實，也就是物種間相似結構的差異會發揮作用。我們再次看到，對於跨物種間的比較，必須特別謹慎地處理。

擴散張量磁振造影（diffusion tensor imaging，簡稱ＤＴＩ）這種新技術可以確實地畫出神經纖維。人腦在區域層級的組織方式目前已經可以取得、看得見、偵測得到，而且可以量化。利用這種技術，我們得到更多神經連結模式改變的證據。舉例來說，人類的白質纖維神經束，也就是弓狀束，和語言有關，但這個構造在猴子、黑猩猩，和人類腦中的組織卻完全不同。[55]

不同種類的神經元

幾年前，我想知道有沒有人認為不同物種間的神經元細胞會有差異，或是認為它們其實都是一樣的。我問過很多頂尖的神經科學家這個問題：如果你在記錄一塊腦部海馬迴切片的電脈衝，但事先並不知道這塊切片是來自老鼠、猴子，或是人類，你能分辨其中的差異嗎？當時大部分人的反應都和我得到的這種答案一樣：細胞是細胞，就是細胞。細胞是處理過程通用的單位，蜜蜂

＊在六層新皮質內的個別神經元和上下層的神經元排得很整齊，形成細胞柱（也就是微柱或功能柱），垂直穿過這些皮質層。

細胞和人類細胞的差別只在於大小而已。如果你用對方法比較老鼠、猴子、人類的神經細胞，就算你會通靈都沒辦法分辨其中的差異。但是現在，就在過去的十年裡，出現了一種異端的看法：所有神經元都不是相同的，有些種類的神經元可能只有在特定的物種身上才會發現。除此之外，某種特定的神經元可能會在某種特定的物種身上，表現出獨一無二的特質。

一九九九年，神經解剖學家普尤斯與同僚在枕葉的主要視覺皮層，發現了神經元排列的第一項微觀差異證據。他們發現，人類皮層四A的神經元構造與生物化學都和其他靈長類不同。這些神經元形成的這一層，是經由枕葉的視覺皮質，將物體辨識資訊從視網膜傳遞到顳葉系統的一部分，在人腦中形成了一個複雜、類似篩網的模式，而不像其他靈長類那種簡單的垂直模式。這是出乎預期的，因為就像普尤斯所說：「在視覺神經科學裡，認為獼猴和人類間沒有什麼重大差異的主張，相當於一種不可動搖的堅定信念。」[56]普尤斯推測，這種神經元排列的演化改變，可能就是人類偵測在背景前的物體能力較為優越的原因。

這項發現後續的深遠影響還涉及另一項事實：我們對視覺系統的構造與功能的大部分了解，都來自於原先對獼猴的研究；然而如先前所提到的，這一項發現，以及其他顯示皮質多樣性的發現，至少都如普尤斯所說的那樣，讓科學家感到相當為難。神經科學家對於神經元架構、皮質組織、連結，以及所造成的功能的類化基礎，都是針對獼猴和老鼠這些少數物種做的研究，可是這樣的基礎有多大的缺陷尚未確定，而且也不僅限在視覺系統方面。

甚至連腦的基礎積木，也就是長得像賀喜巧克力的椎狀神經元都受到檢視。二〇〇三年，在比較神經科學研究椎狀神經元的跨物種共通性受到讚頌的十年後，澳洲的艾爾斯頓再度肯定了卡哈爾原本的看法，讓我們重新注意到這個論點。就像普瑞馬克擔心比較不同物種行為時，相似性會被詮釋成同等性，艾爾斯頓也沉痛地表示，當比較神經科學家研究哺乳動物的大腦皮質時，「『相似』很不幸地被很多人解釋成『相同』」，繼而塑造出一個廣為接受的概念：不同物種的皮質全都一樣，都由重複的基本單元所組成，而這個基本單元是所有物種都相同的。[57]這種說法對艾爾斯頓來說並不合理，他懷疑：「如果在通常代表認知處理過程區域的前額葉皮質的迴路和其他皮質區的一樣，那麼它要怎麼執行人類心智活動這麼複雜的功能？」卡哈爾也覺得這不合理，一百年前的他在畢生研究後做出一個結論，那就是腦並非由相同的重複迴路所建立。

艾爾斯頓與其他人發現，前額葉皮質椎狀神經元的基底樹突在分支模式與數量上都比其他皮質區域來得大。這些樹突讓前額葉皮質的每個椎狀神經元連結度，都比腦部其他地方的椎狀神經元來得高。這應該表示，比起腦中其他部位的神經元，前額葉皮質裡的個別神經元能夠在較大的皮質區域中，接收更多、更多樣化的輸入。的確，椎狀細胞的差異並不僅局限於區域的差異而已。艾爾斯頓和同僚都沒有通靈，但他們發現在靈長類當中，椎狀細胞結構的顯著差異形成了它的特色。[58]

另外也有證據顯示，並非所有物種的神經細胞反應都是相同的。在神經手術中移除腫瘤時，有些正常的神經細胞也會被移除。耶魯大學神經生物學家薛佛把這些人類細胞放進組織培養並且記錄，接著用天竺鼠的神經細胞進行相同的過程，結果發現這兩個物種的樹突反應方式不同。[59]

還有其他種神經元

一九九〇年代早期，美國西奈山醫學院的寧欽斯基與同事決定要重新研究一個挺稀少，而且又已遭人遺忘的神經元，這個神經元最早在一九二五年由神經科學家馮艾克諾默加以描述。[60]這種細長型的馮艾克諾默神經元（von Economo neuron，簡稱VEN）和較為粗短的椎狀神經元不同，它幾乎大了四倍；雖然兩者都有單一頂點樹突（位在頂端），但馮艾克諾默神經元只有一個基底樹突，而椎狀神經元則有許多分支。它們也只會出現在和認知有關的特定腦部區域，也就是前扣帶皮質與前腦島皮質，最近在人類與大象的背外側前額葉皮質也發現了這種神經元。[61]在靈長類當中，只有人類和類人猿身上曾發現這種神經元，[62]而且人類擁有的絕對數量與相對數量都是最多的。他們發現，類人猿這種神經元的平均數量是六千九百五十個，而成年人類擁有十九萬三千個細胞，四歲大的人類小孩則有十八萬四千個，新生兒擁有兩萬八千兩百個。馮艾克諾默神經元的位置、結構、生物化學，還有涉及的神經系統疾病使得加州理工學院的神經科學家歐曼與同僚認為，[63]它們是與社交意識有關的神經迴路的一部分，而且可能參與快速、直覺的社交決策過程。在人科動物中，馮艾克諾默神經元似乎來自約一千五百萬年前類人猿的共同祖先。有意思的是，除了人類之外，其他擁有馮艾克諾默神經元的哺乳類動物也都是腦尺寸較大的社交動物：大象、[64]某些品種的鯨魚，[65]還有最近發現的海豚。[66]這些神經元都是獨立出現的，而且是「趨同演化」的一個例子，也就是在演化上無關的支系都獲得了同樣的生物特徵。儘管艾克諾默神經元不是人類獨有的，我們擁有這些神經元的程度卻是無與倫比的。

目前還不確定的是，在三十天到五十天大的人類胚胎中發現的前身細胞（由碧絲卓與同僚在二〇〇六年發現並命名）是不是人類獨有的。[67]如同這個名字所暗示的，這些神經元是最早在腦皮質上形成的神經元，而在其他物種身上都不曾發現過等同於這些細胞的細胞。

我們的構造就是不一樣

有了這麼多關於生理解剖學差異、連結度差異、細胞種類差異的種種證據，我想我們可以說，人腦和動物腦的組織方式似乎有所不同。當我們真正了解到這一點時，將有助於我們了解為什麼我們會如此不同。

所以我們是這樣的，天生的腦袋雖然這麼狂亂發展，但又受到基因強烈控管，還會受到基因外修飾因素（造成生物基因表現不同的非基因因素）的精細修改，並且會依附活動學習。這個腦擁有非隨機、具結構的複雜性，會自動化處理，還有特定的受限技能，以及透過天擇演化出的類化能力。我們將在之後的章節中看到，我們所擁有的許多認知能力，在空間上是分開存在於腦的不同部位的，而且每一個都有不同的神經網絡與系統。我們也有會同時平行運作的系統，分布在腦的各處。這代表我們的腦有複數的控制系統，而不是只有一個。我們的個人敘事來自這個腦，而不是來自外在強加於腦的心智力。

然而眼前還是有很多謎團。我們將會試著了解為什麼我們人類可以沒有疑問地接受身體內部管理的機制（例如呼吸），是我們腦部活動的結果，但卻如此抗拒所謂的「心智」其實就在腦中的概念。另外我們會探討的一個難題是，為什麼我們好像很難接受這樣的想法：我們生而具有一個複雜的腦，而非一個可以輕易改變的空白腦。我們將會看到我們的腦運作的方式，以及我們對於它如何運作的信念與感覺，不僅會影響由上往下的因果關係、意識、自由意志等觀念，也影響了我們的行為。

但是這對我們任何人有什麼意義？就像歌手巴布迪倫可能會問的，了解我們怎麼成為現在的樣子，會有什麼感覺？去思考我們是不是自由地選擇道德的「我」，或是去思考這一切是怎麼運作的，會有什麼感覺呢？一個相信人類心智、思想，以及後續的行動都是預先決定的人，究竟和其他人有什麼不一樣的感覺？再過幾章，當我們知道為什麼會覺得自己在心理上是統一的、受到控制的個體（儘管我們可能不是這樣），我們會有什麼感覺？啊……沒什麼不一樣。別擔心，其實我並非真的有什麼存在感危機。當然你還是會覺得自己還滿能控制你的大腦，你握有掌控權，能指揮一切動作。你還是會覺得有某人，也就是你，在那邊做決定，拉遙控桿。這是我們似乎無法動搖的小矮人問題：我們認為有一個人，一個小人，一個靈魂，**某個人**在主導一切。就連我們這些知道所有資料，知道腦袋其實一定是以其他方式運作的人，都依舊難以抗拒這種自己在操縱一切的想法。

別走開。

第二章 平行與分散式的腦

你記得電影《ＭＩＢ星際戰警》裡一幕栩栩如生的屍體解剖畫面嗎？剖開的臉裡面其實藏著一個大腦機械，裡面有一個外星人模樣的小矮人負責拉動操縱桿讓機器運作。那就是我們自認擁有的所謂的「我」、「自己」、現象中心，那個主導一切的東西，而好萊塢完美地傳達了這個概念。儘管我們可能知道根本就不是這麼一回事，我們還是都相信這個觀念。事實卻是相反的，我們都了解我們困在這些自動化的腦中，這些極為平行與分散的系統似乎沒有老闆，就像一個沒有人管的網際網路一樣。我們有很多部分都是在寶寶工廠裡就裝好的，馬上可以開始運作。舉沙袋鼠為例，對於居住在澳洲外海坎加魯島上的塔馬爾沙袋鼠來說，過去的九千五百年都過得滿自由自在的。牠們住在那裡的這段時間，完全不需要擔心任何獵食者，牠們甚至連看都沒看過獵食者。那麼為什麼後來當牠們看見貓或狐狸這類獵食動物的填充玩具，以及牠們在歷史上曾出現，但現在已絕種的獵食動物模型時，牠們還是會停止覓食、提高警覺？為什麼牠們看見非獵食性動物的模型時就不會有這樣的反應？畢竟從牠們的經驗來說，牠們根本不知道有自己應該要害怕的動物才是。

我們就像沙袋鼠一樣，內建了至少成千上萬，甚至可能數百萬個對各種行動與選擇的偏好。

我不知道沙袋鼠的心裡在想什麼，但是我們人類認為都是我們自己有意識地、有意願地在做關於行動的決定，我們都覺得自己是一體的，是一個一以貫之的心智機器，沒有任何問題；我們非外顯的腦部結構一定也以某種方式，反映了這種我們都擁有的壓倒性的感受。可是並不是這樣，我再說一次：根本沒有一個控制中心負責讓其他的腦系統遵守一位五星上將的指令。腦有**數百萬**個負責做出重大決定的區域處理器，這是一個高度特化的系統，有許多關鍵網絡分散在一千三百公克的組織中。腦袋裡沒有大老闆，而且你絕對不是你的腦的老闆。你曾經成功叫你的大腦閉嘴，去睡覺嗎？

經過數百年的累積，我們才擁有目前對於人腦組織的知識，而這一段路也頗為艱辛。可是儘管我們逐漸抽絲剝繭，關於大腦的知識中依舊有一個讓我們難以輕易接受的概念：萬事萬物怎麼能以這麼多的方式在腦中被區域化，而且看起來依舊像一個完好的整體在運作呢？故事要從很久以前開始說起。

區域化的腦部功能？

第一個提示來自解剖學。現代對於人腦解剖學的了解源自於十七世紀的英國醫師威利斯（又一個威利斯*名人）。他是第一個描述胼胝體和其他許多結構的縱向纖維的人。過了一百多年後，奧地利醫師高爾在一七九六年提出一個想法，認為腦的不同部分會製造不同心智功能，繼而使得一個人有各種天分、特徵、偏好。他甚至認為，德行與智力是與生俱來的。雖然這些想法都很不錯，但是它們的基礎都是錯誤的假設，沒有扎實的良好科學。高爾的假設是，大腦由不同的器官所組成，每一個器官都負責一種心智處理程序，會帶來特定的特徵或機能。如果某種機能較為高度發展，那麼相對應的器官就會變大，因此觸壓頭骨表面就能感覺到變大的部分。根據這個概念，他提議可以檢查人的頭骨，診斷這個人的特殊能力與個性。這就演變成所謂的顱相學。

高爾還有其他的好點子：他搬到了巴黎。故事的後半段是，因為他不願意說拿破崙的頭骨有某些這位未來帝王堅信自己所擁有的高貴特質，惹惱了對方——高爾顯然沒有政治頭腦。於是當他申請進入巴黎科學院時，拿破崙下令科學院必須取得關於他的推測的科學證據，因此科學院要求生理學家弗盧朗試著找到任何支持這個理論的具體發現。

弗盧朗當時可以採用的探究方法有三種：㈠用手術破壞動物腦中的特定部分，觀察造成的結果；㈡用電脈衝刺激動物腦的某些部分，看看會怎麼樣；㈢臨床研究神經疾病患者，在他們死後進行解剖。腦部特定位置會進行特定處理程序（大腦區域化）的概念深深吸引弗盧朗，而他選擇了第一個方法來研究這個概念。在研究了兔子和鴿子的腦之後，他成為首位能證明腦的某些部位

---

*在腦基底的血管結構。

的確負責某些功能的人。當他移除腦半球後，感知、運動能力、判斷力都隨之消失；少了小腦，動物會變得不協調，失去牠們的平衡；當他切掉腦幹時——嗯，你知道會發生什麼事的——牠們死了。然而他卻找不到任何負責記憶或認知這種進階能力的區域，就像上一章講到的心理學家賴胥利後來研究老鼠腦的發現一樣。弗盧朗的結論是，這些功能是散布在腦中各處的。用檢查頭骨來判斷人格與智力，無法通過嚴苛的科學檢視，容易流為江湖郎中的把戲。高爾關於大腦功能區域化的好點子就這麼不幸地被棄若敝屣，不過他的另外一個好主意——搬去巴黎，倒是廣受大家的喜愛。

可是沒過多久，關於高爾想法的證據開始慢慢在臨床研究中浮現。一八三六年，法國蒙特佩利爾的一位神經專科醫師達克斯向科學院提出三位患者的報告。他在報告中指出這三名患者恰好都有語言障礙，在解剖時也都發現類似的左腦損傷。然而鄉下地方的報告在巴黎並沒有受到太多關注，直到將近三十年後，這份關於光是單側損傷就會破壞語言能力的觀察報告，才有人開始注意到。一八六一年，一位著名的巴黎醫師布洛卡發表了他對患者的解剖報告。這位患者的暱稱是譚，罹患的是失語症，而他之所以被暱稱為「譚」，是因為這是他唯一能發出的聲音。布洛卡發現譚的左腦下額葉有梅毒感染造成的損傷，而且在他繼續研究更多的失語症病人後，發現他們都在同樣的區域發生損傷。這個區域後來被稱為語言中心，也就是所謂的布洛卡區。同時德國醫師威尼基也發現，顳葉受損的病人聽聲音或話語的能力都沒有問題，但就是聽不懂。尋找腦中負責特定能力的區域的競賽就此展開。

英國神經學家傑克森確認了布洛卡的發現，但他在這個故事裡並不只是這樣的角色而已。他的妻子受全身性的癲癇所苦，因此他能夠近距離觀察這種病徵。他注意到癲癇總是從她身體的特定部位開始發生，有系統地以不變的模式漸進發展。這使得傑克森認為腦部的特定區域，控制了身體不同部位的運動動作，因此他提出理論，認為運動活動是區域化的，並源自大腦皮質。他也發揮了德國醫師兼物理學家荷姆霍茲幾年前發明的「檢眼鏡」的功能，這個儀器讓醫師能夠看見眼睛後面下方的位置。傑克森認為研究眼睛對神經學家來說是很重要的，至於原因，到了後面就會有明白的解釋。從這些早期的臨床觀察，到後續的解剖發現來看，高爾認為腦部功能區域化的思考方向似乎是正確的。

潛意識的宏偉世界

區域化不是唯一慢慢醞釀的大腦功能理論。從莎士比亞的《奧賽羅》到珍・奧斯汀的《艾瑪》等小說，都暗示了在我們大腦的無意識部門裡有很多的動作在進行。雖然一般都認為發現海面下無意識的龐大冰山運作是佛洛伊德的功勞，但他並不是這個概念的創始者，而是宣傳者。很多人，特別是讓佛洛伊德得到很多想法的哲學家叔本華，都在佛洛伊德之前就強調過潛意識的重要性，而高頓這位維多利亞時代版本的文藝復興人士也有相同的看法。高頓的頭銜很多，他除了是人類學家之外，還是熱帶探險家（西南非）、地理學家、社會學家、遺傳學家、統計學家、發明家、氣象學家，還被尊為精神測定學之父，也就是發展出測量智力、知識、個性特徵等等的工具與技巧的學科。在期刊《大腦》*裡，他將心智描繪成一間房子，建造基礎是「複雜的天然氣管線與水管系統……這些管線通常都看不見，而且只要它們運作得當，我們根本無視於它們的存在。」在這篇論文的最後，他寫：「這些關於心智在半潛意識狀態下複雜運作的實驗，讓人留下了深刻的印象；而這些實驗也提出了可靠的理由，使人相信在比心智運作更深的層級，的確有深深埋藏在意識層面之下的東西存在。這些結果或許正說明了為何這樣的心智現象無法用其他方式來解釋。」[1]高頓不像佛洛伊德，高頓重視的是將他的理論奠基在具體的發現與統計方法上。他在研究者的配備中加入了包括相關性、標準差、統計迴歸等統計學的觀念，還是第一位利用調查方法與問卷的研究者。高頓對遺傳也很感興趣（這也難怪，因為達爾文是他的表弟）。高頓是第一個使用**先天與後天**這個詞彙的人，也是首位研究雙胞胎，整理出差異影響的人。**

隨著二十世紀的來臨，腦部功能區域化與無意識處理的說法也受到討論，但如我們在上一章看到的，因為大家在二十世紀都普遍接受行為主義與等潛腦的理論，使得這些觀念繞了一大圈。然而等潛腦的理論一直都受到臨床醫學的嚴苛挑戰，首先是達克斯在許多不同的人身上，觀察到大腦特定位置的損傷與特定結果之間的相關性，而等潛腦理論從來無法解釋這一點，也無法說明其他看起來很神祕的神經學病例。可是一旦科學家了解大腦是以分散式與特化網路在作用，一些臨床上的謎團就得以解開了。甚至在現代腦部造影和腦電圖技術出現之前，研究有損傷的患者缺陷就像一種逆向工程，解釋大腦如何達成認知狀態。

來自患者的協助

神經科學家需要好好感謝很多臨床患者大方地參與我們的研究。利用X光與早期掃描設備研究臨床患者，開始揭露了各式各樣由特定區域損傷所造成的異常行為。舉例來說，在頂葉某個特定位置的損傷會造成**複製錯憶**。這種患者會有錯誤的信念，認為一個地點被複製了、同時存在於兩個以上的位置，或是被移到不同的地方。我曾經有一名女性患者在我紐約醫院的辦公室接受診察，但卻宣稱我們都在她位於緬因州菲力波特的家裡。我先問她：「妳在哪裡？」她回答：「我在緬因州的菲力波特。我知道你不相信，波士納醫生今天早上來看我時，說我在史隆凱特琳醫

＊高頓與前文提到的英國神經學家傑克森共同創始的期刊。

＊＊高頓有許多的第一，他也發明了用來辨識指紋的分類系統，並且算出了兩個人擁有相同指紋的機率。

院，住院醫師來巡房的時候也這麼跟他們說。沒關係，反正我知道自己在緬因州菲力波特中央街的我的家裡！」我問她：「如果妳在菲力波特的家裡，為什麼門外有那些電梯？」她冷靜地回答我：「醫生，你知道我花了多少錢裝這些電梯嗎？」

接著我們移動到大腦的前方，側前額葉的損傷會造成排序行為的缺陷，使得人無法做計畫或多工。眼窩正上方的眼眶額葉損傷，也許會干擾監控認知狀態後反饋的情緒通道，可能和判斷是非的能力喪失有關，抑制行為的能力可能會減少，造成更多衝動、強迫性、侵略性或更高等級的認知不良。在左顳葉威尼基區的損傷會造成威尼基失語症，受到影響的人可能無法理解書面的或口語的語言；他雖然能夠以自然的語言節奏流利地說話，講出來的東西卻都是胡言亂語。所以就臨床醫學而言，我們可以看到腦部特定位置和認知活動的特定面向有關。

功能模組

的確，區域化的腦部功能現在看起來甚至比高爾所認為的還要更明確。有些患者的顳葉受損，使得他們辨識動物的能力很差，但對辨識人造物品卻沒有任何障礙，反之亦然。[2] 某一個位置的損傷會讓你無法分辨狗明星傑克羅素和一隻獾（也不是說牠們真的長得差很多啦），而另一個位置的損傷則讓人無法認出烤麵包機。甚至有某種特定腦部損傷的人僅僅不能分辨水果。哈佛研究人員卡拉瑪薩和雪兒頓宣稱，腦對於有生命與無生命的種類有個別的特定知識系統（模組），各有不同的神經機制。這些特定領域的知識系統其實不是知識本身，而是讓你注意到狀況中的某些面向，繼而增加你生存機率的系統。比方說，針對例如蛇和大型貓科動物等某些種類的獵食動物，可能有特別的偵測器。[3]大腦中可能內建了一組固定的**視覺**線索，讓你會注意到生物運動的某些特別面向，例如蛇的那種滑行動作，或是大型貓科動物的尖牙、前視的眼睛、體型尺寸與形狀等，都是讓你能辨識這些動物的輸入資訊。[4]你並不會天生就有老虎是「老虎」的知識，但你可能天生就知道當你看到一隻躡步行走、有尖牙的大型前視動物時，牠就是一隻獵食性動物，而你自動會提高警覺；同樣的，草叢中的滑行運動也會讓你腎上腺素立刻增加，馬上改變方向。

當然，這種針對獵食者的領域特定性並不限於人類。加州大學戴維斯分校的克羅斯與同僚研究了一些松鼠，牠們的生長環境與外界隔絕，從來沒有見過蛇。但是牠們第一次看見蛇的時候就會閃避，卻不會閃避其他新接觸的物體。這些松鼠天生就會提防蛇。事實上，這些研究人員能從文獻指出，動物必須在沒有蛇的環境中住上一萬年，才能讓這種「怕蛇模板」從群體中消失。[5]這也解釋了前文提到的坎加魯島沙袋鼠，牠們是對填充獵食動物展現的某些視覺線索做出反應，而非對任何行為或氣味有反應。因此在這種辨識的例子中，的確有高度針對性的模組存在，而且不需要過去的經驗或社會情境就能發揮作用。這些機制是天生的、內建的；有些機制是我們和其他動物共有的，有些是動物有而我們沒有的，也有些是人類特有的。

分裂大腦

從一九六一年開始出現了研究腦部運作的新機會，因為有大腦左右半球分離的患者，也就是所謂的「裂腦症」患者。一九五〇年代晚期，史培利在加州理工大學的實驗室研究了切斷胼胝體對猴子和貓的影響，[6]並且發展測試這些影響的新方法。他們發現，如果教導胼胝體未受損的動物的半邊腦一項任務，這項技能會轉移到另一邊的腦；但如果胼胝體被切開，就不會有這種情形。分裂的腦把感知與學習也分開了。他們發現了這些重大結果，也呈現出了問題：同樣的結果會出現在人類身上嗎？針對這一點有很多的懷疑看法，理由則有幾個。雖然十九世紀末的很多神經學病例都描述了在胼胝體有病灶損傷時的特定失能，但這些發現都是在賴胥利的等潛大腦皮質理論下遭到漠視的受害者，被掃到地毯下，確確實實被遺忘多年。對懷疑者來說，更多表面上的證據是那些天生沒有胼胝體的小孩都沒有受到什麼不好的影響。*最後的重要原因是，一九四〇年代在羅徹斯特大學，有一名才華洋溢的年輕神經學家阿克雷提斯，在二十六名為了治療「難治型癲癇」而接受胼胝體切割（所謂「聯合部切開術」）的一系列患者身上進行測試，結果沒有觀察到對神經學或心理學的影響。[7]患者在手術後都覺得沒問題，自己也沒有注意到任何差異。賴胥利抓住這些發現，推廣他對總量工作原則和大腦皮質等潛性的看法。他宣稱分離的大腦迴路並不重要，只有皮質總量是重要的。他認為胼胝體的功能只是讓左右腦連在一起。

因為我對上一章提到的神經新生研究很感興趣，所以我在達特茅斯學院三年級升四年級的夏天，加入了史培利在加州理工大學的實驗室，擔任暑期大學研究員。然而這間實驗室在這時候的研究重點已經轉向胼胝體，所以我那個夏天都在麻醉兔子的半邊腦，並且決定以基礎研究做為我畢生研究的主題。我對於人類在胼胝體手術後會變成怎麼樣的這個問題深深著迷，因為實驗室發現切除胼胝體的貓、猴子、黑猩猩的腦部功能有重大改變，所以我深信這對人類一定有某些影響。我在四年級的時候想到了一個計畫，打算春假時重新測試阿克雷提斯在羅徹斯特的患者，而且我設計了一種不同的測試方式。有了我第一次拿到達特茅斯醫學院希區卡克基金會的兩百美元獎學金做後盾，我可以負擔租車和旅館住宿的費用，所以我開車前往羅徹斯特，還在租來的車上裝滿從達特茅斯心理學系借來的視速儀（在電腦時代之前的儀器，影像會在螢幕上顯示一段特定的時間），準備在我設計的測試上使用。然而測試卻在我等待時被取消了，我只好失望地兩手空空回來。不過我的好奇心並沒有減少，我下定決心回到加州理工學院念研究所，因為那裡的研究風氣非常旺盛，而我的確在隔年夏天完成心願。

＊後來的結論是它們發展出了補償性通道。

我的碩士研究始於一個來到我面前的新機會。洛杉磯懷特紀念醫院的住院神經外科醫師伯根和主治醫師沃哲有一名患者，在伯根仔細回顧醫學文獻後，認為該名患者接受裂腦手術對病情有益，而患者也同意了。在過去十年裡，這位健壯、迷人的男性患者WJ一周會受兩次的癲癇大發作所苦，而且每次都需要一天的時間才能復原。這對他的人生顯然有巨大影響，他也準備好接受手術的風險。因為我曾在達特茅斯學院設計測試過程，所以我被派去在手術前後測試WJ。[8]他的手術非常成功，而且他非常興奮，因為他覺得自己一點都沒有什麼不同，但是他的癲癇大發作卻完全解決了。我也很興奮，因為我對於WJ的大腦功能有所發現，而且也對這名患者以及後續其他病例的結果感到著迷。

只有在嘗試過其他治療難治型癲癇的方法後，才會進行胼胝體切除手術。紐約州羅徹斯特的神經外科醫師韋哲在一九四〇年首次進行這種手術，因為他觀察到一名罹患嚴重癲癇的患者在胼胝體長出腫瘤後，病情反而緩和下來。[9]一般認為，如果腦兩側的連結被切斷，造成癲癇的電脈衝就不會從一側的腦散布到另一側，因此能避免全身抽搐。不過把腦切成兩半可是大事一件，大家最害怕的是這項手術可能帶來的副作用：一個頭裡有兩個腦，會不會造成人格分裂？事實上，這種治療方法非常成功。患者的癲癇發作平均減少了百分之六十到七十，有些人的癲癇完全痊癒，而且感覺沒什麼問題：沒有分裂的人格，也沒有分裂的意識。[10]大多數患者根本不覺得心智處理過程有任何改變。他們看起來完全正常。這很棒，但還是讓人疑惑。

讓左右腦完全分開的手術包括切斷連接左右腦的兩條纖維通道——前聯體和胼胝體，然而並非兩腦間的所有聯繫都被切除，左右腦還是連接到支持相同覺醒程度的同一個腦幹，所以兩邊會同時睡著或清醒。[11]皮質下的通路依舊完好無缺，兩側的腦從身體與五感有關的神經接收到的感官資訊大多相同；此外，從肌肉、關節、肌腱的感覺神經所接收到的本體感受資訊（身體在空間中的位置）也差不多。當時我們還不知道兩邊的腦都能啟動眼球運動，也不知道只有一套整合的空間注意力系統（也就是選擇某些刺激而忽略其他的這個過程），就算兩邊腦的連結被切斷，仍然只有單焦點的注意力。因此，注意力並不能分配到空間中兩個分開的位置。[12]很抱歉，這和現代駕駛人肯定自己有能力應付的情況相反：左腦在讀簡訊時，右腦是不能看交通號誌的。在這之後，我們又學到對一側的腦施加情緒刺激會影響另一個腦的判斷。從前面達克斯和布洛卡的研究結果來看，我們倒是一開始就知道我們的語言區位在左腦（只有少數左撇子是例外）。

當WJ在手術前接受測試時，物體不管出現在他的左眼或右眼視野內，或是放置在他的左手或右手上時，他都能說出物體的名稱。他也了解所有的指令，可以用任一隻手執行指令。換句話說，他很正常。但他手術過後再接受測試時，WJ自己覺得很好，而且就像其他羅徹斯特的患者一樣，他不覺得有任何改變，只是他再也不受癲癇所苦。不過我設計了一套利用人類視覺系統解剖學的測試流程，和阿克雷提斯的那種方法不同。人類左右眼的視覺神經會在所謂視交叉的地方會合。在這裡，每條神經都會分裂成兩半，每條的中間那一半（內側那條）會穿過視交叉，往另一邊的腦延伸；側邊那一半（外側那條）則留在原來這一邊。兩隻眼睛在右邊視野看到的那部分資訊都送到左腦，而從左邊視野得到的資訊則送到右腦處理。在動物實驗中，在左右腦失去連結的情況下，這些資訊並不會傳到另一邊。只有右腦能夠接觸到來自左視野的資訊，反之亦然。因為視覺系統本來就是這樣的，所以我可以只對動物某一側的腦匯入資訊。

WJ手術後第一次接受測試的那一天來了。我們會發現什麼呢？一開始，情況的發展一如預期。我們預期因為他的語言中心位在左半腦，所以他可以說出左半腦看見的物體名稱。因此，他可以輕鬆說出呈現給左半腦的物體名稱。所以我們在他的右側視野內播放快速閃過的湯匙圖片，問他「你看見什麼了嗎？」他很快地回答：「一根湯匙。」接著第一個關鍵測試來了：如果這些物體是從左邊視野呈現給他的右腦呢？阿克雷提斯的研究認為，胼胝體在左右腦間的資訊整合方面，並沒有扮演不可或缺的角色。因此WJ應該能正常地描述該物體。可是在加州理工學院進行動物研究結果卻是相反的，我賭的就是加州理工學院的研究正確。我們在他的左眼視野中閃過一張圖片，然後我問他：「你看見什麼了嗎？」

如果你不是做科學研究的人，那可以把這一刻想成你在賭輪盤，而且把畢生積蓄都壓在紅色那樣。你會希望那顆球停在紅色，隨著輪盤速度慢慢減緩，你的期待也愈來愈高，因為你的生計和數小時的努力都投資在這次的結果上。我希望我的實驗設計能夠揭開某些尚未有解答的謎團，隨著向右腦閃過圖片的時間即將來臨，我的期待也開始升高。會發生什麼事呢？我身體裡的腎上腺素高漲，我的心跳激烈程度，可比名教練布萊克曼在達特茅斯學院任職於橄欖球隊時，橄欖球在球場上激烈跳躍的程度。雖然這項發現現在已經是老掉牙了，是雞尾酒會時閒嗑牙的話題，但在ＷＪ說出「不，我什麼都沒看見」時，我的驚喜實在難以言喻。他不只無法使用左腦用口語描述這個出現在他剛剛被切斷連結的右腦前的物體，他根本連這東西在那裡都不知道。我在大學時設計、在研究所實行的這項實驗，揭露了驚人的發現！就連哥倫布發現新大陸的那一刻，都不見得比我在當下還要欣喜莫名。

一開始他彷彿只是看不見呈現在左邊視野的刺激，不過進一步調查後，我們才知道並不是這麼一回事。我還有別招可以知道右腦到底有沒有接收到任何視覺資訊。儘管左右腦都能指揮臉部和上臂的近心端肌肉，但左右腦分別控制手的末梢肌肉。所以左腦控制右手，右腦控制左手。[13]如果左右手不在視野範圍內，那麼左腦就不知道左手在做什麼，反之亦然。我設計了一項實驗，讓ＷＪ在左腦控制的口頭反應之前，先用右腦控制的左手打摩斯電碼。我對他的右腦閃了一道光，在閃光時，他的左手做出壓下按鍵的反應，但卻宣稱他什麼都沒有看到！他的右腦對刺激並不盲，它好好地看見了閃光，並且利用摩斯密碼按鍵回報這項資訊。ＷＪ之所以否認看見閃光的唯一理由，是因為左右腦之間的訊息傳遞完全被破壞了！

原來任何呈現給一側的腦的視覺、觸覺、本體感受、聽覺、嗅覺的資訊都只會在一側的腦中處理，另外一側的腦完全不會意識到這些資訊。左腦不知道右腦在處理什麼，反之亦然。我發現裂腦症患者的左腦和語言中心都無法接觸匯入右腦的資訊。我們當時看見了一個全新的機會：研究出現在與另一側腦分離的這半邊腦中的能力，而不是研究因損傷造成的缺陷。

在後來與其他患者進行的實驗中，我們把各種物體放在左手伸手可及的範圍內，但擋住他們看見物體的視線。我們對右腦閃過其中一樣物體的圖片，接著觸碰這些物體的左手就能選出剛剛圖片上出現的東西。可是如果問患者：「你看見什麼了嗎？」或是「你左手裡是什麼？」他們都否認自己看見了圖片，也無法描述左手拿到了什麼東西。在另一個情境下，我們向右腦閃過腳踏車的圖片，接著問患者是否看見任何東西？一如往常，他的回答是否定的，但他的左手卻畫出了一輛腳踏車的圖。

右腦在視覺空間技巧上的優越性很快就變得顯著。受到右腦控制的左手，可以輕易把一系列的彩色積木拼成向右腦閃過的圖片上的模式，可是當圖片向左腦閃過，右手就永遠都解決不了這個問題。事實上，有一名患者必須坐在自己的左手上，才能避免左手伸出來試圖解決問題。左手能複製並畫出立體圖，但可以輕鬆寫字的右手卻畫不出一個立方體。原來右腦已經為了辨識垂直的臉、專注注意力、做出感知區分等工作而特化。左腦則是智力的部分。它的特化在於語言、說話、智力行為。在聯合部切開後，患者的口語智商沒有改變，[14]問題解決能力也不變。患者的自由回憶能力和其他表現指標可能有一些缺陷，但是將本質上剩下一半的腦和主導的左腦分離，對認知功能並沒有造成重大的改變。左腦和手術前的能力沒有兩樣，但是大範圍被切斷連結的、大小相同的右腦，在認知任務方面的能力則嚴重不足。顯然右腦有自己豐富的心智生活，和左腦截然不同。

我們已經從神經疾病患者的研究中知道，腦有兩種完全不同的神經通道，會產生自發的與隨意的臉部表情。只有主導的左腦能產生隨意的臉部表情。[15] 若患者的右腦有破壞左右腦溝通的特定損傷，那麼在聽見微笑的指令時，患者只有右側的臉會笑，左側會維持不動。*可是如果同一名患者聽見笑話而自發性地笑，他的臉部肌肉就會正常地出現雙邊反應，因為這時候用的是腦中的另一條通道，不需要左右腦之間的溝通。帕金森氏症患者的情況則恰恰相反，他們受傷的椎體外系統是運動系統中與動作協調有關的部分，所以他們無法做出自發性的表情，但可以隨意控制他們的臉部肌肉。在我們的裂腦症實驗中，我們認為若對患者的左腦下指令，那右半邊的臉應該會先做出反應，而實際上也是這樣。當裂腦症患者的左腦看見微笑或皺眉的指令，右半邊臉的反應大約比左半邊快了一百八十毫秒，這個時間差是因為右半腦會從皮質下通道得到身體的反饋。

這些發現引導出腦中散布著很多特化迴路的看法，但我們的研究似乎帶來另一項結論：透過觀察左右腦，發現它們各自能擁有另外一邊的腦意識領域之外的資訊，暗示手術已經誘發了雙重意識的狀態。

*左腦對右臉肌肉有控制主權，右腦對左臉肌肉有控制主權。

雙重意識？

不是每個人都對這些發現感到非常興奮。搭乘洛克斐勒大學的電梯往上時，米勒把我介紹給美國心理學大師埃斯塔，並且說：「你認識麥克吧？他是那個發現人類裂腦現象的人。」埃斯塔的回答是：「太好了，現在我們有兩個我們搞不懂的系統了！」裂腦症手術看起來是製造了兩個分別有意識的腦半球，而且當時我們以為有兩個意識系統：左心智和右心智。

史培利在一九六八年寫道：「這種症狀比較普遍也比較有趣並驚人的特徵之一，也許能總稱為在大多數的意識覺知領域裡顯著的加倍現象。不同於一般統一的單一意識流，這些患者在很多方面的行為，都彷彿他們有兩道獨立的意識覺知流，各來自左右腦，而且兩者和彼此的心智經驗都沒有聯繫。換句話說，左右腦似乎有分開的私有感覺，有自己的感知、自己的概念、自己採取行動的衝動，以及相關的意志、認知，與學習經驗。」[16]

我在四年後更全心投入，對此加上了更多解釋：「我們在過去十年裡收集到的證據顯示，在大腦中線切除後，常見的正常意識單一性會被破壞，使得裂腦症患者（至少）有兩個心智，左心智和右心智。它們會以兩個完全有意識的實體共存，就像連體嬰是兩個完全不同的人一樣。」[17]

隨之而來的問題是，是不是每個意識都有自己的主人翁：我們是不是有兩個自己？是不是也有兩個自由意志？為什麼左右腦不會因為爭著主導而產生衝突？是不是有一邊在主導？腦的兩個自己是不是被困在這個只能一次在一個地點的身體裡？哪一邊的腦會決定身體要在哪裡？為什麼？為什麼？為什麼有這麼明顯的統一感？意識和自我感是不是真的存在於其中一邊的腦？

意識是什麼？

這變成了理論的夢魘！不只是這樣，我們一直在討論**意識**這個詞，但根本不知道這是什麼意思，沒有人想花力氣查一下，所以多年後我決定要這麼做，而這就是我在一九八九年版的《國際心理學詞典》找到的。這個由心理學家薩瑟蘭撰寫的定義，就算沒有教育意義也非常有趣：

> **意識**：擁有感知、念頭和感覺，也就是覺知。除了使用晦澀難解、根本抓不到「意識」的意義的詞之外，根本不可能定義這個詞。意識是迷人但難以理解的現象，不可能明確指出它是什麼、它做什麼、它為什麼演化出來。在目前關於它的文字當中，沒有任何值得一讀的。[18]

最後那句話真是讓人鬆一口氣，因為在我上一次做中線研究時，關於這個主題就有一萬八千多篇文章，而薩瑟蘭告訴我這些東西都不用看了。你知道你現在如履薄冰，處理的是連專業人士在討論時也緊張兮兮的主題，而且其他人好像都覺得自己很了解這個玩意兒，或者對此有一套意見——有點像跟小孩解釋「性」的感覺。至少如果你是物理學家，路上的人不會一副他天生就懂弦論的樣子。意識麻煩的地方在於它本身具有神祕性，我們不知道為什麼，就是不想把它當成記憶或直覺之類的東西來看待，雖然它們也一樣難以捉摸；雖然我們也還沒看到腦在記憶或直覺方面的實體例子，但我們已經可以慢慢讓自己抽離它們，所以我覺得就算意識沒有確切的定義，我們還是可以搞定它。神經科學家不是唯一有這些問題的人。聖塔菲研究中心的研究人員最近告訴我，他們目前對基因的概念和原本的想法相差甚遠。

所以雖然我們在一九七〇年代堅持裂腦症患者有兩個意識系統，但諾貝爾醫學獎得主艾可勒斯爵士和麥楷都不這麼認為。艾可勒斯在一九七九年的吉福德講座中提出，右腦的自我意識有限，不足以表現出存在於左腦的個人特質。麥楷對兩個意識的說法也不滿意。他在吉福德講座中發表意見：「但我會說，關於切開連接左右腦的胼胝體這種層級的組織系統就能創造出兩個個體的說法，目前為止根本沒有任何斬釘截鐵的證據……就很重要的方面來說，這也是難以相信的。」[19]

這個嘛，科學繼續往前走，我們已經把一分為二的心智系統這個概念拋在腦後了。不過很討厭的是，這種看法卻在大眾媒體上揮之不去。有了更多接受測試的患者、不同的測試方法、更花稍的設備和大腦掃描器、更多的資料，加上我們靈活的大腦帶來的好處，還有更多聰明人提出問題並設計實驗，我們已經往多重系統的看法前進：有些系統位在單側的腦，有些則分散在左右腦。我們不再認為腦的組織方式會形成兩個意識系統，而是會形成多個動態的心智系統。

二分腦的理論歸於塵土

當我們開始測試右腦的認知能力，並了解到左右腦並非同等的時候，二分腦的理論就開始崩解。我們了解到左腦是小神童，會說話也懂語言，可是右腦不會講話，而且對語言的了解非常少。所以我們開始利用右腦能了解的圖片和簡單的文字，讓它做一年級程度的簡單概念測試。舉例來說，當我們向右腦閃過「平底鍋」這個字時，左手會指平底鍋的圖。接著，我們閃過「水」這個字，左手也會指水的圖。目前為止都很好：右腦能認字，並且連結文字與圖片。可是當我們同時閃過這兩個字的時候，左手就不能把這結合成「裝水的平底鍋」這個概念，只會指著空的平底鍋圖片。但這個水和平底鍋的任務很快就被左腦解決了，所以右腦的推論能力不佳。我們試著只用圖片來表達問題，例如向右腦閃過火柴的圖片，接著再閃過木柴堆的圖片，然後要它在六張圖片中選出一張反映出因果關係的圖，但它無法挑出「燃燒的木柴堆」那張圖片。就算使用了比較多的視覺—空間刺激，例如我們拿出「U」字的形狀，問：在一系列的形狀中，哪一個可以把「U」轉變成正方形？右腦還是無力解開謎題。可是左腦就能輕鬆解決問題。就算當我們的一些患者真的開始用右腦說話，發展出還滿廣泛的字彙時，這樣的差別還是看得出來：右腦還是無法做推論。

這使得我們得到顯著的結論，也就是左右腦的意識經驗非常不同。原因很多，其中很重要的一個原因就是：一邊的腦活在它能推論的世界裡，而另一邊的腦沒有。右腦活在字面上的世界，如果要判斷面前的多種物品中有哪些是先前看過的，右腦可以正確辨識出它先前看過的物品，拒絕新出現的物品：「是的，剛剛有塑膠湯匙、鉛筆、橡皮擦，還有蘋果。」可是因為左腦會推論，所以會建構出一套描述這些物品特質的輪廓，也因此當有新的物品出現，只要這些新物品也符合它建構的輪廓，它就會誤認。[20]「對，都在這裡了，有湯匙（但我們用銀湯匙換掉了塑膠湯匙）、鉛筆（不過這一支是自動鉛筆，另一支不是）、橡皮擦（可是這塊是灰的不是粉紅色的），還有蘋果。」因為不能做推論，所以右腦會受限於它能感覺到的東西。對右腦來說，一盒糖果就是一盒糖果，而左腦則會從這份禮物做出各式各樣的推理。

如果《哈姆雷特》裡的王宮衛兵軍官馬西勒斯當時在我們的實驗室裡，也許他會說：「二分腦理論的國度出了大問題！」*然後我們就會被迫同意他的說法。我們的發現使我們逐漸了解到，左右腦都有特化作用，但是各自的意識程度並不相等。也就是說，它們不會意識到相同的事，在執行任務方面的能力也不相同。這對二分腦理論來說問題已經夠大了，但顯然對現有的意識統一性概念打擊更大。帶著這個問題重新思考：意識經驗究竟從哪裡來？資訊是否會先經過處理，接著透過某種意識啟動中心傳送，讓你我能夠覺知到主觀經驗？或者意識是以不同的方法組織的？天平看來是往「不同類型的組織」這個方向傾斜：一種有多重次級系統的模組型組織。我們開始懷疑根本沒有讓意識經驗出現的單一機制，轉而思考「意識經驗是由多重模組引發的感受」這樣的概念，而且每一個模組都有特化的能力。既然我們在腦中不同區域都發現特化能力，而且我們也看到意識經驗和與一種能力相關的那部分皮質關係密切，我們開始了解意識是分散在腦中各處的。這樣的想法和艾可勒斯的想法直接牴觸，他是左腦為意識所在的擁護者。

讓我做出結論的是一個關鍵的觀察結果：在裂腦手術後，當你問患者「你好嗎？」的時候，他會回答：「很好。」接著你問：「你是否注意到任何不同？」答案是：「沒有。」怎麼會這樣呢？你要記得，當這名患者看著你的時候，他無法描述在他左邊視野內的任何東西，在告訴你一切安好的那個左腦面前，有一半的東西是它看不見的，而且它不在意這件事。為了彌補看不到這一點，在非接受測試的情況下，裂腦症患者會潛意識地移動他們的頭，為左右腦都提供視覺輸入。如果你從其他手術中甦醒，發現在你的左邊視野中什麼都看不到，你一定會抱怨：「啊，醫生，我左邊什麼都看不到，這是怎麼回事？」但是這些患者對此從來沒有意見，就算在多年的頻

＊多謝莎士比亞。（譯注：此句模仿馬西勒斯在《哈姆雷特》中的感嘆：「丹麥國情糜爛！」〔Something is rotten in the state of Denmark〕，意指出了大問題。）

繁測試後，如果你問他們知不知道為什麼要接受測試，他們還是絲毫不覺得自己與眾不同，感覺不到他們自己或他們的腦有什麼不一樣。左腦並不會想念右腦或是它的任何功能。這讓我們了解到，為了要對空間中特定部分有所意識，處理空間裡這個區域的那部分皮質一定要參與其中。如果這部分皮質沒有發揮功能，那麼對腦或對那個人來說，空間中的這個部分就根本不存在。如果你用左腦說話，然後我問你對左邊視野中物品的覺知，你的左腦不會有感覺，因為所有的處理過程都發生在已經和它切斷連結的右腦，也只有右腦會意識到這些東西。所以對左腦來說，這個區域根本就不存在。它並不懷念它不處理的那些東西，就像你不會懷念你根本沒聽過的路人甲。

這使得我們開始思考，也許意識真的是區域性的現象，而且是來自於在左邊空間或右邊空間裡，和特定感官時刻有關的局部處理。這樣的想法讓我們得以解釋神經疾病患者某些過去難以理解的行為。

為什麼有些人會突然看不見視野範圍內很大一部分，並且會抱怨，而且也意識到這一點（「那個，我左邊什麼都看不到，這是怎麼回事？」），但有些人對此則一點反應也沒有，沒有意識到他們突然的視覺喪失？會抱怨的人是在視覺神經的某處有損傷，視覺神經負責傳導視覺資訊給腦中負責處理這些資訊的視覺皮質，如果沒有資訊送到他視覺皮質的某一區，他就會有視覺盲點，因此他會抱怨。可是不抱怨的人的損傷是在視覺相關的皮質，也就是負責產出視覺經驗，並和高階視覺資訊處理有關的那部分皮質，並不是視覺神經受傷。皮質的損傷也會造成相同的盲點，但是患者通常不會抱怨，就像我們的裂腦症患者不會抱怨一樣。為什麼不？視覺皮質是腦中代表視覺世界的地方，或者說是頭腦收集圖像的地方。視野中每一個部分在視覺皮質上都有對應的區域；舉例來說，有一個區域通常都會問：「視覺中心的左邊現在怎麼樣了？」如果視覺神經受損，大腦區域還是會運作，所以當神經沒有傳遞訊息給它時，它就會哇哇叫了：「有事情不對勁，我什麼輸入都沒得到！」可是當這個聯合視覺皮質受損時，患者的腦就不再有一個負責處理那部分視野情況的區域，所以對該名患者來說，這部分的視野就再也不存在於意識，它也完全不會因此哇哇叫。有中央損傷的患者不會抱怨，因為腦中會抱怨的那個部分已經失能，而且沒有其他部分取而代之。從這些觀察所得到合乎邏輯的結論是，現象意識（也就是你覺得自己對某些感知有意識的感覺）來自於只和特定活動有關的區域處理過程。

我的意見是，腦有各種區域意識系統，而這些系統的群集使得意識得以出現。雖然你感覺意識是一體的，但它們其實是由這些極為分散的系統所形成的。不論你在某個特定時刻恰好意識到什麼念頭，那就是冒出頭來的那個，也就是占了主導地位的那個。你的腦袋裡是一個狗咬狗的世界，各種系統為了浮出表面會互相競爭，目標是贏得意識肯定的大獎。

比方說我們有一位裂腦症患者，在手術過了幾年後發展出用右腦說出簡單字句的能力。這個情況很有意思，因為這樣一來，要判斷她的哪一邊腦在說話就有點困難了。她在一次面談中描述了一次經驗：測試者在她的不同視野中閃過物體圖片，「在這邊（她指著螢幕左邊的一張圖，這是向她的右腦閃過的」我看到這張圖，每樣東西看起來都比較清楚；不過以某方面來說，在右邊我會對答案比較有自信。」從之前的測試當中，我們知道右腦對於各種感知判斷都比較在行，所以我們知道這個「看得比較清楚」的說法，來自她的右腦；而她在左腦的、比較有自信的語言中心則說了後半段的話。她把這兩個反應放在一起，各自來自左右腦，但對聽者來說，聽起來就像是從一個統一的系統中說出的非常統一的答案。我們就知識上而言知道這是來自兩個分開系統的資訊，只是被我們聆聽的心智交織在一起。

這是怎麼作用的？

我們是怎麼變得這麼去中心化，最後有這些多重系統的呢？答案要回頭看到我們在上一章裡談到的東西，也就是大腦連結模式的改變。當腦袋變大，神經元就變多，網絡範圍也愈大，成比例的連結度會降低。每個神經元連結的神經元數量會維持差不多的數字，因為出於實際與神經經濟性的幾個原因，神經元不會隨著總數的增加而增加連結的神經元數量。原因之一是，如果每一個神經元都互相連結，那麼我們的腦就會變得超級大。事實上，計算神經科學家尼爾森與包威爾算出了如果我們的腦中所有神經元要完全互相連結，而且是一個球體，那麼這顆腦袋的直徑會多達二十公里！[21]誰還能說自己頭大呢。此外，新陳代謝的成本也會太高，因為我們的腦會一直吼叫：「給我吃東西！」目前以我們身體消耗的能量來說，腦大約消耗百分之二十的能量。[22] 想像一下如果腦的直徑有二十公里寬，它會消耗掉多少能量？（至少可以解決過胖問題。）如果用長軸突連結腦中距離遙遠的神經元，不只處理的速度會變慢，同步活動也會變得困難。這也使得樹突的尺寸必須增加，才能增加突觸的數量，這樣就會改變神經元的電氣特質，因為樹突的分支會影響它如何整合其他神經元輸入的電。不，讓我們的神經元全部連結在一起是不可行的。所以我們演化的大腦採用了另外一個解決辦法。

神經生物學家史崔德參考目前比較神經解剖學所知的內容以及哺乳類的連結度，提出一些適用於人類大腦的演化發展的神經接線「法則」。[23]

- **連結度隨著網絡尺寸擴大而減少**：透過維持絕對連結度而非等比例連結度，較大的腦內部的互相連結其實會更稀疏，但是它們還是有兩套把戲：
- **連結長度最小化**：它們會利用最短連結維持區域連結度。[24] 這麼一來，軸突來回的距離就比較小，而因為穿越的距離很短，維持這些連線需要的能量也比較少，訊號傳遞也比較快。這使得區域網絡能夠分開並且特化，形成處理模組的多重群集。不過，在這種處理過程分開的情況下，腦的不同部分一定還是要交換資訊，因此……
- 並非所有連結都是最小化的，腦還是**保留了一些聯繫遙遠兩點的長連結**。靈長類的腦已經發展出「小世界結構」：有很多短的、快速的區域連結（高度區域連結度），還有少數長距離的連結，溝通彼此的處理結果（透過少少的幾個步驟連結任兩者）。[25] 這樣的設計讓高效率的區域處理（模組化）得以出現，同時還能跟整體網絡有快速的溝通。很多複雜的系統都有這種架構，人類的社交關係也是其中之一。[26]

我們的去中心化就是因為有較大的腦，以及使之能夠運作的神經元經濟性造成的結果：較不密集的連結強迫腦特化，創造出區域迴路與自動化。結果就是有數千個模組，每個都各司其職。

我們的意識覺知只不過是無意識處理過程的龐大冰山的一角，在我們的意識水面之下，有著非常忙碌的無意識大腦在運作。我們不難想像大腦為了維持自我平衡機制的運作順暢，一直要應付各種日常瑣碎的工作，包括調節心跳、肺呼吸、正確的體溫等等；稍微難想像一點的，是許許多多順利擊球入洞的無意識處理過程，但它們在過去五十年裡也都被我們發現了。想想看，首先是我們講過的那些自動化的視覺與其他感官處理過程。除此之外，我們的心智也一直會因為正面或負面的促發過程而帶有潛意識的偏見，也會受到辨識種類的過程影響。在我們社交世界裡的結盟處理過程、偵測騙子的處理過程，甚至道德判斷的處理過程（以及其他過程）都是在我們的意識機制以下快速進行的。隨著測試方法愈來愈成熟，我們辨識出的處理過程數量與多樣性只會愈來愈多。

我們腦的工作重點

我們一定要記得的是，我們的腦，因此也包括這一切處理過程，都受到了演化的雕琢，使我們能做出更好的決定，增加我們的繁殖成功度。我們的腦的工作重點就是把基因流傳給下一代。多年的裂腦症研究讓我們清楚知道，腦不是一個全功能計算裝置，而是由一系列無數的內建特化迴路組成的裝置，這些迴路會平行運作，分散在腦的各處，做出更好的決定。[27]這個網絡使得各種同步的無意識處理過程得以進行，[28]也是讓你做得到開車這種事的原因。你同時能記得路線、判斷與其他車輛的行車距離、你的速度、什麼時候要踩煞車、什麼時候加速、什麼時候換檔，還會記得遵守交通號誌，一邊跟著收音機哼唱巴布迪倫的歌。真的很厲害啊！

然而和我們目前討論密切相關的是，儘管模組內採行了階級式的處理程序，模組之間似乎沒有地位高下之分。*這些模組並不會向部門主管報告，這是一個大家自由參加、自我組織的系統，不是吉福德講座講者和神經科學家麥楷設想的網絡。他認為有意識的「我」，是由中央監督

* 除非在感官系統裡。請見：Bassett, D. S., Bullmore, E., Verchinski, B. A., Mattay, V. S., Weinberger, D. R., Meyer-Lindenberg, A. (2008). Hierarchical organization of human cortical networks in health and schizophrenia. *Journal of Neuroscience*, 28(37), 9239-9248.

活動的結果：「意識經驗並非起源於任何參與其中的腦細胞核，而是來自當評估系統成為自己的評估者時所建立起的正向反饋鏈狀篩網。」

是誰，或是什麼在主導一切？

然而我們還是面臨這個問題：為什麼我們會覺得如此統一，覺得一切都在控制之內？我們並不覺得腦袋裡有一群亂吠的狗。對於那些受精神分裂症所苦的人來說，他們又為什麼覺得有別人在控制他們的動作與思想？完全不了解心理學或神經科學的朋友，在雞尾酒會上聽見這些無意識處理過程時，會深深為此著迷或對此嗤之以鼻，這只是因為這些過程對個體的個人經驗來說並不明顯。對我們人類來說，這是很反直覺的，因為我們強烈覺得自己是統一的，覺得自己能控制自己的行動。就連我們神經科學家自己，都很難放棄有內在的小矮人這種中央處理器在腦中指揮一切的想法。麥楷的說法就是我們有一個管理系統，監督我們配合環境所調整的企圖和行為。我們可能不會真的用「小矮人」這個字，但會委婉地用「執行功能」或「由上往下的處理」之類的詞代表。一個系統要怎麼在沒有大老闆的情況下運作？而且為什麼我們感覺起來就像一個整體？第一個問題的答案可能是，我們的腦是以一個複雜系統在運作。

複雜系統

複雜系統是由許多互相作用的不同系統所組成，自此創造出的突現特質會比各部分的總和還要強大，而且不能被簡化成當中各成分的個別特質。最容易理解的經典例子就是交通。光看車子的零件無法預測交通模式，你也不能憑著觀察組織再上一層的東西，也就是車子，就預測交通模式。只有在這些車輛、駕駛、社會、法律、天氣、道路、隨機出現的動物、時間、空間等等天知道還有哪些因素的互動之下，「交通」才會出現。

過去我們以為這些系統之所以是複雜的，只是因為我們對它們的了解不夠；一旦辨識並了解所有的變數後，這些系統就會是完全可預測的。這樣的看法完全是決定論的態度。可是多年以來，實驗資料和理論都對這種結論提出了質疑。事實上，一般逐漸接受的觀點是，複雜性本身根植於物理法則之中，我們也將會在第四章深入討論這一點。複雜系統研究本身就很複雜而且跨領域，不只包括了物理學家和數學家，還有經濟學家、分子生物學家、人口生物學家、電腦科學家、社會學家、心理學家，還有工程師。

複雜系統的例子隨處可見：一般的天氣與氣候、傳染病的傳播、生態系統、網路、人腦。諷刺的是，在心理學追求完全了解行為的過程中，複雜系統的標準現象是「各種可能結果的多樣性，賦予它選擇、探索、適應的能力。」[29]人腦是一個複雜系統，這個概念隱含的意義，是對關於自由意志、神經科學、法律、決定論之討論的反撲，我們在後面的章節也會討論到其中一些。

對於我們目前覺得統一、一切在控制之下的問題，西北大學物理學家亞馬拉與化學工程師歐提諾提出了一個相關的重點：「所有複雜系統的共通特質是它們展現出組織性，而且沒有應用任何**外在的**組織原則。」[30]這表示沒有大老闆，也沒有小矮人。

只要想想看 Google 廣告拍賣制度就知道，的確可以有系統看起來像是有人在主導，但事實上沒有。這是以演算法在運作的。廣告拍賣制度要討好三個自利的團體：要賣產品的廣告主需要相關的廣告，需要相關廣告以免浪費時間的使用者，以及想要滿足廣告主和使用者以帶來更多業務的 Google。每次使用者在 Google 進行搜尋時，Google 就會進行點擊數拍賣。廣告主只有在得到點擊時才需要付錢。方法是這樣的，廣告主會提供一系列的關鍵字和廣告，以及如果有人點擊他們的廣告時，他們願意付多少錢。但是廣告主實際上付出的價格並不是自己的出價，而是排在他下面的那個廣告主的出價。這樣一來，他只要付最低金額的錢就能維持自己的排名位置。Google 在使用者搜尋時會匯編一個關鍵字與搜尋目標相符的廣告清單，並且要確保展示在使用者前的廣告品質良好。品質以三項要素來評斷：最重要的就是點擊率，因此每次使用者點擊一個廣告時，就是投了它一票。第二項要素是相關性，所以 Google 會檢視廣告的關鍵字與內容符合搜尋要求的程度，只會使用相關的廣告，避免讓廣告出現在與產品無關的搜尋中，購物者也就不會看到不相關的廣告。第三項要素是廣告主的導入頁面品質，以相關、可簡易瀏覽、清晰明瞭為佳。廣告排行會由出價乘以頁面品質而決定。這種設計的美妙之處在於，每個團體的自利動機都會受到照顧，萬歲！如同 Google 首席經濟學家所指出的，這是最有生產力的互動結果。[31] 這套看起來是由單一控制者負責運作的系統其實根本沒有人在控制，而是由演算法在主導。

為什麼我們覺得自己是統一的？我們已經發現左腦裡有某樣東西，這是另一個利用所有進入腦的輸入建立敘述性的模組，我們稱之為「解譯器模組」，也就是下一章的主題。

第三章　解譯器

儘管我們知道腦組織是由極多個決策中心所組成，在某個中心層級進行的神經活動，在另外一個層級就是難以理解；我們也知道腦就像網際網路一樣，似乎並沒有一個大老闆，可是人類依舊面對這麼一個謎團：關於我們人類「有一個做出所有行動決定的**自己**」這個罪名向來揮之不去，是一個強大並且難以抗拒的幻象，彷彿無可動搖。事實上，根本也沒有什麼理由好動搖這個幻象的，因為感覺起來這一點問題都沒有。不過，我們還是有一個理由要試著了解這種感覺是怎麼來的：一旦我們了解為什麼我們覺得自己掌控了一切，就算我們知道自己的活動慢了大腦半拍，我們還是能知道自己為什麼，以及怎麼會對思想和感知犯錯。在下一章裡，我們也會知道要觀察我們人類生活空間裡的哪些方面，才能了解個人責任從何而來，明白這是在我們化約論者的世界裡活得好好的東西。

意識：慢車道

我小時候在南加州的沙漠裡住過很長的時間，因為我父母在這裡有數十公畝的土地，這裡有沙漠矮樹叢與乾草堆，周圍環繞著紫色的山脈、蒺藜灌木、土狼，還有響尾蛇。我之所以今天還在這裡活得好好的，是因為我有經演化所磨鍊出來的無意識處理過程，特別是我在上一章提過的怕蛇模板。我曾經多次在響尾蛇即將現身前跳開，但不只是這樣而已，我也會在草被風吹得沙沙作響時跳開。在我有意識地覺知到讓草沙沙作響的是風，而不是響尾蛇之前，我就已經先跳開了。如果我靠的只是意識處理過程，那我跳開的情況可能會少一點，但也許會被咬不止一次。意識處理程序很慢，我們認為的有意識的決定也很慢。

一個人在走路的時候，來自視覺和聽覺的感官輸入會進入丘腦這個接力站。接著脈衝會被送到皮質內的處理區域，然後接力到額葉皮質，在這裡和其他更高的心智處理程序，或許還有成功進入意識流的資訊整合。這時候人才會有意識地覺知到資訊（那邊有蛇！）。以響尾蛇的例子來說，記憶會提供響尾蛇有毒，以及被響尾蛇咬了的後果等資訊，接著我做出決定（我不想牠咬到我），快速計算我和蛇的距離有多近，還有牠的攻擊距離，然後回答這個問題：我需不需要改變目前的方向與速度？對，我應該往後退。這個指令送出，肌肉準備好，然後進行動作。這些處理過程都需要花很長的時間，最長會到一秒或兩秒，但我可能在半途中就已經被咬了。不過還好這些都不需要發生，而是腦會透過大腦杏仁核走一條無意識的捷徑。大腦杏仁核位在丘腦下方，是一個會記錄所有通過的資訊的部位：如果一個和過去危險有關的模式被大腦杏仁核認出來，那它就會沿著和腦幹直接的連結將脈衝送出，接著啟動「逃跑或戰鬥」反應，發布警報。我會在我知道為什麼之前就自動往後跳；我不是做出有意識的決定才跳，而是在我的意識同意之前就發生這件事了。而且我往後跳還踩到我弟的腳，很明顯我真的事前沒有意識到。然後我的意識終於介入，知道那不是條蛇，而是風。這條科學家深入研究過的快速通道是古老的「戰鬥或逃跑」反應，當然在其他哺乳類身上也看得見，而且已經經過了演化的磨鍊。

如果你要問我剛剛為什麼往後跳，我可能會回答我以為自己看見蛇了。這個答案當然很合理，但事實上，我在意識到蛇之前就已經跳了啊。我看到了，但我不知道我看到了。我的解釋是從我意識系統內的事後資訊而來：眼前的事實是我往後跳了，我看見一條蛇。可是實際上的狀況是，我在意識到那條蛇之前（只有幾毫秒之差）就跳開了。我並不是有意識地做出跳開的決定，然後再有意識地執行這個決定。當我回答這個問題時，我有點「虛構」的意味：為過去發生的事件提出一個非真實的說明，並信以為真。我跳開的真正原因，是對大腦杏仁核產出的恐懼反應所做出的自動化無意識反應。我之所以會虛構，是因為我們人類的腦被驅使要推論因果關係。它們被驅使要從散落的事實當中找出事件的解釋。我有意識的大腦必須利用的事實就是：我看見一條蛇、我跳開了。它並沒有「我在有意識地覺知到蛇之前就跳開了」這個資訊。

我們在本章將看到一些關於我們自己的怪事。我們在解釋自己的行動時都是事後諸葛，用的是事後觀察，而沒有用到無意識的處理過程。不只是這樣，我們的左腦還會稍微捏造一些事，好讓這些事實符合一個合理的故事內容。只有在這些故事偏離事實太遠的時候，右腦才會插手。這些解釋都是以進入我們意識層面的那些東西為基礎，但實際上的情況是，行動和感覺都在我們有意識地覺知到它們之前已經發生，而且它們大部分都是無意識處理過程的結果，這樣的過程永遠無法進入解釋的範圍內。其實聽大家解釋自己的行為是件很有意思的事，尤其以政治人物來說特別有娛樂性，不過這經常也是浪費時間。

潛意識的冰山

意識需要時間，但我們不一定總是有時間。在有生命威脅和競爭激烈的情況下，動作比較快的那些成為了我們的祖先，動作慢的那些都活得不夠久，沒辦法繁殖，當不了祖先。自動化反應和有意識介入的反應所需要的時間長短差異顯而易見。如果我把你放在一面螢幕前，告訴你有光閃過時就要按按鈕，那麼在試過幾次後，你大約兩百二十毫秒就能做出反應。如果我要你稍微放慢一點點，比方說改成兩百四十到兩百五十毫秒，你也做不到。你的速度會慢下來百分之五十，反應時間會減慢到五百五十毫秒。一旦你讓意識進入迴圈，你有意識的自我速度監控就要花比較長的時間，因為意識運作的基礎速度比較慢。你可能已經很熟悉這一點了，記得練習鋼琴或其他樂器時要記住曲子的情況嗎？一旦你練習過一首曲子，你的手指就能在琴鍵上飛揚，直到你犯了一個錯，然後有意識地試著糾正你的錯誤。接下來，你根本記不得下一個音是什麼。你最好從頭再來一次，並且希望自己的手指可以自己度過難關。這就是為什麼好老師會警告學生，在獨奏時就算犯錯也不要停，繼續演奏就好，讓自動化的演奏繼續維持自動化。運動也是一樣。罰球的時候不要多想，只要像你練習過的幾百次那樣，把球丟進籃框就對了！當意識介入你的動作把時間暫停，投球就會發生「卡住」的情況。

天擇推動了無意識的處理過程。快速和自動化是成功的門票，有意識的處理過程則代價高昂：不只需要時間，還需要很多的記憶。相反的，潛意識的處理過程很快，而且是由規則所驅動的。從視覺錯覺裡，很簡單就能看到顯著的無意識處理範例。我們的視覺系統會接收某些線索，自動化地讓我們的感知適應這些線索。看看下面的錯覺圖片裡兩張桌子的形狀，這是薛伯創造的「旋轉桌錯覺」，這兩張桌子的形狀和面積都一模一樣。根本沒有人相信啊！事實上，如果你把這張錯覺圖放在心理學教科書的導論，學生會把圖剪下來檢查它們是不是真的一模一樣。你的腦在計算，加上修正，調整桌子方向的視覺線索，而且你無法阻止它這麼做。就算你剪下圖，把一張桌子貼在另外一張上，看到它們真的一模一樣，你還是無法有意識地改變視覺畫面，讓它們看起來一樣。因此，當某項刺激欺騙了你的視覺系統，建立錯覺後，就算你已經知道自己被騙了，那樣的錯覺還是不會消失。視覺系統中產生錯覺的部分，是無法以有意識的知識為基礎來加以修正的。*

不過有些很有說服力的錯覺卻不會影響行為。舉例來說，面對出名的繆萊利爾氏錯覺時，觀察者要用手指比出來眼前兩條兩端各有向外與向內箭頭的線條長度。雖然箭頭會改變感知到的線條長短，並且騙過眼睛（觀察者通常會說有向外箭頭的線比較長），但觀察者的手指並不會做出相應的長度調整。這種錯覺騙不了手。這顯示，決定外顯行為的處理過程，和感知底層的處理過程是分開的。因此，對視覺刺激作出反應的視覺運動處理過程可以獨立進行，不受對該刺激的同步感知影響。[1]可是當你把意識丟進迴圈裡的時候，事情就變了。在一段時間過後才被要求用手比出線條長度的觀察者，就真的會調整手指比出來的長度。

然而，無意識地感知到的刺激卻可以影響行為。舉例來說，在一項研究中，法國認知心理學先驅戴亞奈[2]和同僚在很短的時間內（四十三毫秒）在自願者眼前閃過一個質數（這項刺激會影響後續反應），可能是以阿拉伯數字或者代表該數字的文字表現，接著再閃過偽裝刺激（兩個無意義的字母串）。自願者無法可靠地回報到底有沒有看見質數，也

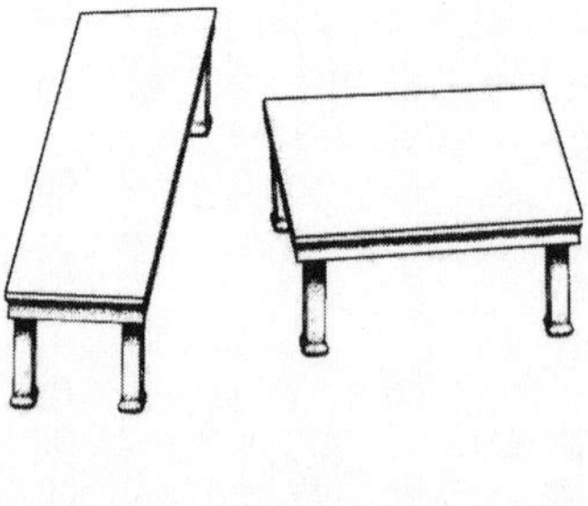

這兩張桌子看起來不一樣，但它們的大小和形狀其實都一模一樣。如果你測量這兩者，你會發現它們一模一樣。

無法分辨質數和其他無意義字串的差異。換句話說，質數的阿拉伯數字或文字都沒有進入他們有意識的覺知。接著自願者面前閃過一個目標數字，並且被要求如果該數字大於五，就要用一手按壓反應，小於五就要用另一隻手按壓。如果質數與目標數字都小於五（全等的），他們的反應就會比數字不全等來得快。研究人員利用腦部造影顯示，儘管這個質數從來沒有達到意識覺知，而且受試者也不會感知到，但它其實啟動了運動皮質。再加上發現意識沒有感知到的刺激，會誘發強烈感知後效的觀察結果，[3]很顯然地，有相當多的腦部運作都發生在有意識的覺知與控制之外。（我的腦害我這麼做的！）因此，當刺激在它們的領域中出現時，我們腦中內建的系統會自動地執行它們的工作，而且通常不會牽涉我們有意識的知識。

自動化也可以透過練習而達到，可以是習得的。除了演奏樂器之外的另外一個例子就是打字。在你練習得夠好了之後，你想都不用想就能打字。（而且我們都看過一些這樣的書！）可是如果我問你鍵盤

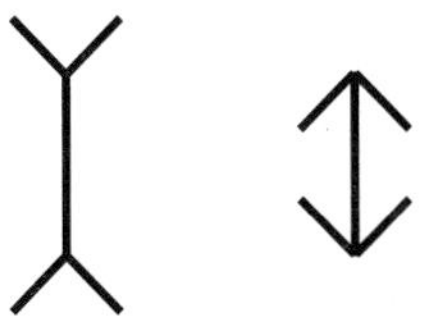

繆萊利爾氏錯覺

＊要看這張圖和其他錯覺圖，請參考 http://michaelbach.de/ot/index.html。

上的ㄅ在哪裡，你就得停下來，有意識地去思考這件事。這樣很慢。自動化讓我們有效率得多了，自動化的處理過程讓我們成為專家。判讀乳房X光攝影片的放射線學家如果更精準、更快，就能讀更多的攝影片，因為他們腦中的模式辨識系統被訓練過了，能自動化地辨識出異常組織的模式。人針對特定工作發展出自動化模式辨識後，就成為了專家。

我們為什麼覺得自己是統一的？

既然我們都覺知到（意識到！）我們大部分的處理過程都是潛意識地、自動化地進行，那麼我們又回到上一章最後的問題了。有這麼多複雜系統以多元、分散的方式在潛意識裡運作，為什麼我們還會覺得自己是統一的？我相信這個問題的答案就在左腦，以及我們在多年研究中碰觸到的一個左腦的模組裡。同樣地，又是我們的裂腦症患者揭開了一些令人驚奇的發現。

我們和東岸另外一組裂腦症患者合作進行好幾年的實驗，而我們開始想知道，如果我們把資訊偷渡進他們的右腦，然後叫左手做某些事，這些患者會有什麼感覺。面對左手突然開始做事，他們會對自己說什麼？這就好像當你在讀這本書的時候，突然看見你自己的手開始彈手指。你會怎麼跟自己解釋這種事？我們安排了一個實驗，讓我們能問患者他們覺得自己的左手在做什麼。這些實驗展現了左腦另外一項令我們震驚的能力。

我們給裂腦症患者看兩張圖。右側視野看到的是一隻雞爪，所以左腦只看到這張雞爪圖；左側視野看到的是一張雪景，右腦看見的也就只有這樣。接著我們要他從放置在左右腦都看得見的完整視野中的一整排圖片裡，選一張相關的圖。結果他的左手指著一張鏟子的圖（和雪景圖最相符的答案），而右手則指了一隻雞（和雞爪最相符的答案）。當我們問他為什麼選擇這些圖時，他的左腦語言中樞回答：「這很簡單啊，雞爪和雞有關。」很簡單地解釋了左腦所知的。因為它看見了雞爪。接著他看見自己的左手指著鏟子時，他也毫不遲疑地解釋：「而且要用鏟子才能清理雞舍。」在觀察到左手反應的當下，儘管左腦不知道為什麼左手會選擇這個東西，它還是會把這項物品放入它所能解釋的情境中，用與自己所知一致的情境來解譯這種反應，而它所知的是：雞爪。它完全不知道雪景這回事，但必須解釋左手的鏟子。好吧，雞會弄得一團亂，你必須清理。就是這樣！很合理啊。有意思的是，左腦不會說：「我不知道。」但這其實才是正確的答案。它會在事後捏造出符合情況的答案。它會虛構，抓住它知道的線索，加以拼湊出合理的答案。我們將這種左腦的處理稱為「解譯器」。[4]

我們的裂腦症患者身上有無數個這種處理過程的例子。比方說，我們讓「鐘鈴」這個字閃過右腦，對左腦閃過「音樂」這個字。患者會說他看見了「音樂」這個字。如果要求患者指出他看見的圖片，他會選擇鐘鈴，但其實還有別的圖片更能代表「音樂」。接著我們問他：「為什麼你選了鐘鈴？」他回答：「音樂嘛，我上次聽見的音樂就是外頭的鐘響。」（他說的是外面的鐘塔。）他負責說話的左腦必須編派出一個故事，解釋他為什麼指了鐘鈴。在另外一個實驗裡，我們向左腦閃過「紅色」這個字，但向右腦閃「香蕉」這個字。接著我們把各種不同顏色的筆分類排在桌上，要他用左手畫一張圖。他選了紅筆（是左腦做出這個輕鬆的決定），用左手畫了一根香蕉（右腦決定的）。我問他為什麼要畫香蕉，他的左腦完全不知道為什麼左手會畫香蕉，於是這麼回答：「這是左手畫起來最容易的東西，因為這隻手比較好往下拉。」同樣的，他沒說：「我不知道。」而這才應該是正確的答案。

我們懷疑情緒上的反應或者改變是不是也會以這種事後的虛構方式來解釋，因此我們誘發一位青少年患者的情緒轉換，再讓他接受同類型的測試。首先我們大聲地問：「誰是你最喜歡的……」（左右腦都只聽見這麼多），然後我們只讓右腦聽見這句話的後面：「女朋友」。他馬上笑了，臉紅，表現出害羞的樣子（情緒轉換），然後搖頭，但卻說自己沒聽見那個字。然後他什麼都不肯說了。他表現出青少年被問到女朋友時正確的情緒反應，包括抗拒討論，但他不知道為什麼。最後，他用左手拼出了他女朋友的名字。

別在賭城跟老鼠賭一把！

接著我們想知道能不能設計一個實驗，展現出左腦和右腦分析世界的方法不同。我們用了一個經典的實驗心理學遊戲：「猜測機率實驗」。受試者要猜即將發生的會是兩種事件中的哪一種：線上方的燈會亮，還是下方的燈會亮？實驗者會操控燈，使得線上方的燈亮機率有百分之八十，剩下百分之二十的時間亮的是線下方的燈。結果老鼠在這方面的表現比人類還好。動物傾向使用最大化的策略，但人不會。「最大化」的意思是選擇過去發生最頻繁的那個選項，而老鼠很快就發現每次都猜上面就對了，因為這樣一來，牠們有百分之八十的時候都能得到獎賞。鴿子也會最大化，賭城的莊家也會最大化，四歲以下的小孩也會最大化。[5]但接著發生了某事：超過四歲的人類會使用「頻率配對」這個不同的策略，也就是他們傾向將過去事件發生的頻率搭配他們的猜測。他們百分之八十的時候會猜線上方的燈亮，百分之二十的時候猜線下方的燈亮。這個策略的問題在於，既然出現的順序完全是隨機的，出錯的可能性就非常高。可是人類儘管知道這個模式是隨機的，還是會想找出一套系統。平均來說，在上述的情況下，他們大約只有百分之六十七的時候是猜對的。我們設計了一個方法，可以個別向左右腦傳達這個遊戲，結果我們發現右腦會使用最大化策略，[6]就和老鼠、鴿子、四歲的人類一樣；而左腦就是那個用頻率配對的傢伙，它會試著找出一套系統，有動力地要推論出閃燈頻率的背後原因，還想創造一套理論來解釋這些燈亮的情況。我們的結論是，負責尋找事件模式的神經處理過程就在左腦。左腦讓人類有在混亂中找出秩序的傾向，也是左腦試著在故事裡將一切安排妥當，放入情境中。看來左腦被迫要假設世界的結構，甚至在面對根本沒有模式存在的證據時依舊堅持努力，就算這麼做有時候是有害的也一樣——比方說玩吃角子老虎時。

看起來很奇怪的是，就算這不具有適應性，左腦還是會這麼做。為什麼我們會有這麼一個對準確度如此有害的系統呢？嗯，答案是，在大部分的情況下，這樣是有適應性的，不然我們不會有這樣的系統。外在世界的模式通常有著可察覺的、決定論的成因，而有一個尋找成因的系統會讓我們在每個地方都有優勢，除了賭城。

和解譯器一起工作

一旦我們了解左腦解譯器的處理過程是受到尋求事件解釋或成因所驅使的，我們就會在各種情況下都看到它發揮作用。事實上，它可以解釋過去很多實驗裡的觀察結果。比方說一九八〇年的一個很有名的社會心理學研究結果，就能利用這個解譯器機制的發現來理解。在那個實驗裡，實驗者在受試者臉上用化妝品做出一道突起的傷疤，而且受試者從鏡子可以看見自己的疤。[7]接著受試者得知他們要和另一個人進行討論，而且實驗者想知道的是另一個人的行為是否會受到受試者的缺陷，也就是傷疤影響。受試者收到指示，要記下任何他們覺得對方對傷疤有所反應的行為。在最後一刻，實驗者表示他必須讓傷疤濕潤，避免化妝裂開，但他其實是在不告知受試者的情況下把傷疤抹掉。受試者接著和另外一人進行討論。等到討論結束後，實驗者問他們情況如何。受試者回答他們受到了很差的待遇，而且另外一個人表現出緊張，或是施捨的態度。接著他們會看一段旁人拍攝他們討論的影片，並被要求指出對方什麼時候對傷疤做出反應。影片一開始播放，他們就會按下暫停鍵，指出對方移開視線的那一刻就是因為傷疤的關係，而且整段影片都是如此。他們的解譯器模組抓住了利用手邊資訊所能做出的第一個、也是最容易的解釋：自己臉上有個近乎毀容的傷疤，另外一個人常常往旁邊看，而房間裡沒有別人，也沒有其他令人分心的事物。它得到合理的解釋就是：那個人往旁邊看是因為傷疤的關係。解譯器被驅使要推論出因果關係，它持續利用從目前認知狀態所得到的輸入，以及來自周圍環境的線索來解釋這個世界。很有意思的是，人一般都會在對話當中轉開視線，但通常是不會被注意到的。而交談對象經常往旁邊看的這項資訊之所以進入了這些受試者的意識層，只是因為他們對於對方的反應已經有所戒備，準備好去注意這些跡象。他們的說法對他們當時而言是絕對的真實，卻是以兩項錯誤的資訊為基礎的：㈠他們臉上有傷疤；㈡他們的交談對象比平常更頻繁地往旁邊看。所以我們一定要記住，解譯器只是利用它得到的資訊做出解釋而已。

我們整天都在使用這個解譯器模組，了解情況的重點，詮釋輸入和我們的身體生理反應，解釋所有事。在上一章裡，我們談到了右腦怎麼過著字面上的生活，能記住研究內容裡確切的項目，但左腦會傾向將類似的物品錯認為相同的物品。正如我先前說過的，左腦會胡說八道。我們的解譯器不只對物品會這樣，對事件也會。在一項實驗中，沒有接受過裂腦手術的健康受試者看到一系列大約四十張的圖片，內容是一名男子在早上起床，穿上衣服，吃早餐，去上班。接著過了一會兒，我們測試每個人他看到了哪些圖片。這一次他面前是另外一系列的圖。有些是原本出現過的圖，但也穿插了一些本來沒有出現過，可是很符合這個故事的圖，另外還有一些陷阱圖，和故事一點關係都沒有，例如那個男子打高爾夫球或去動物園的圖。你我在這樣的任務裡會把實際上出現過的圖和相關的圖都混在一起，而且我們可以輕易找出那些陷阱圖。而在裂腦症患者身上，左腦也的確會這麼做，可是右腦就不會這樣做。如同我們在上一章看過的記憶物品實驗，右腦毫不虛偽，只會指出原本出現過的圖片。左腦會抓住故事的重點，接受符合內容的所有東西，但會捨去不符合內容的東西。這種延伸細節對於精確度有害，但對於處理新資訊卻比較有幫助。右腦不會推論出故事的重點，它只能看表面，也不會納入原本不存在的圖。就是為什麼你家的三歲小孩會在你美化故事的時候，提出相反意見讓你難堪。小孩還在最大化策略的階段，所以只要符合重點就能接受的左腦解譯器還沒在他們身上完全發揮作用。

如同我說過的，解譯器是一個非常忙碌的系統。我們發現就連在情緒的領域它都很活躍，會試圖解釋情緒的轉換。我們為了在一位患者身上引發右腦的負面情緒，讓她看了一段可怕的火災影片，片中有一名男子被推到火場裡。當我們問她看見什麼的時候，她說：「我不太知道自己看到了什麼。我想應該只是白光。」但當我們問她有沒有因此感到任何情緒時，她說：「我不知道為什麼，但我有點害怕。我覺得提心吊膽的，我想也許是我不喜歡這個房間，或者可能是因為你，是你讓我很緊張。」接著她對一位研究助理說：「我知道我喜歡葛詹尼加博士，但現在我出於某種原因覺得很怕他。」她**感覺**到對影片的情緒反應，這是所有自動化處理的結果，但是她不知道是什麼造成的。左腦解譯器必須解釋為什麼她覺得害怕，而它從環境中得到的資訊線索是，我在房間裡問她這些問題，而且沒有其他不對勁的事了，所以它得到的第一個合理解釋就是：我嚇到她了。我們覺得很吸引人的是，事實雖然很重要，但不一定是必要的。左腦會利用手邊有的東西，即興創造出剩下的部分。因為它只要找到第一個合理的解釋就夠了，所以在這個例子裡，都是實驗者的錯！在其他處理過程所吐出的資訊所形成的一片混亂中，左腦解譯器會找出秩序。我們找了另外一位患者，測試另外一種情緒。我們向她的右腦閃過一張海報女郎的圖片，於是她開始竊笑。同樣的，她說自己什麼也沒看到，但當我們問她為什麼要笑時，她說是因為我們有一台很好笑的機器。這就是我們的腦袋整天在做的事，它會收集來自腦其他區域的輸入，還有來自環境的輸入，接著把這些資訊合成一個故事。它也會使用來自身體的輸入，就像下列的經典實驗一樣。

腎上腺素這種荷爾蒙是由腎上腺分泌的，會啟動交感神經系統，使得心跳速度加快、血管收縮、氣管擴張，這麼一來就會增加大腦與肌肉的氧氣與葡萄糖供應，造成手抖、臉紅、心悸、焦慮等反應。我們的身體在各種情況下都會分泌腎上腺素，從前面提過的「逃跑或戰鬥」反應，到由危險（泛舟時從舟筏上摔落）、興奮（你最喜歡的藝人即將上台前的時刻），或者是噪音、炎熱，還有你的老闆等其他環境壓力因子引發的其他短期壓力反應都包括在內。一九六二年，哥倫比亞大學的薛克特和辛葛做了一項實驗（這項實驗設計中包括了欺騙，在現在很可能不會被允許），證明情緒狀態是由生理激發和認知因子組合後決定的。[8]自願者得知自己要接受維他命注射，目的是確認這種維他命對視覺系統有無任何影響，但其實他們被注射的是腎上腺素。有些受試者知道注射這種維他命會有心悸、顫抖、潮紅等副作用，有些受試者則被告知沒有副作用。注射腎上腺素後，這些自願者和事先安排好的實驗成員接觸，當中有些人會表現愉快的情緒，有些人則是生氣的情緒。事先知道有注射「副作用」的受試者，會將他們心跳加快之類的症狀歸因於藥物；至於那些不知情的受試者，則將他們的自律激發反應歸因於環境。那些和有愉快情緒的成員接觸的人覺得神清氣爽，而和有生氣情緒成員接觸的人則感到憤怒。對於這種生理症狀，有三種不同的、合理的解釋，可是只有一種是正確的：注射腎上腺素。這個發現再次說明了人類對事件做出解釋的傾向。我們被激發時，就會被驅使要去解釋「為什麼」，此時如果有一個顯著的解釋，我們就會接受，就像那些事前知道腎上腺素效果的人一樣。如果沒有顯著的解釋，我們就自己生一個。

所以我們左腦的解譯過程會收集所有輸入，放在一起，講出一個合理的故事，然後就這樣了。可是正如同我們看過的，左腦的解釋最多只能和它得到的資訊一樣好。而在上面很多的例子中，我們看到它接收的資訊其實是錯的。

你最多只是跟你輸入的一樣好

發現這種機制會讓你開始懷疑它到底有多常誤入歧途。我們很容易就能想到我們可能誤解了和他人互動的例子，然而要辨識出我們何時錯誤解譯了我們自己的情緒反應就不是那麼容易了，更困難的是發現「什麼時候」是錯的。很多的情緒狀態和心理騷動一開始就是大腦新陳代謝的內因性錯誤造成的，例如那些和焦慮來襲有關的反應，這種會導致腎上腺素激增的生物性驅使事件會製造出不同的感覺狀態，而狀態是必須要解譯的。大部分的人都不會對自己說：「老天，我的心跳加速和流汗一定因為我大腦的新陳代謝功能出錯了。我最好去檢查一下。」大部分的人的解譯系統會從自己獨特的過去與現在的心理歷史中取得線索，參考目前環境裡的線索，想出一套解釋：「我的心跳很快，我在流汗，我一定是害怕了。會嚇到我的一定就是……（往旁邊看到一隻狗）一隻狗！我怕狗！」如果內因性事件透過醫藥或是自然事件修補好了，這種情緒狀態改變的解譯還是會被保留，會被存放在記憶裡。這就是為什麼會產生恐懼症的原因。

解譯器不只在解譯我們的感覺、我們行為的原因，還在解譯我們腦袋裡發生了什麼事。我們是僥倖發現這件事的。我們在測試一名患者ＶＰ時，意外發現她能做出其他裂腦症患者無法做到的推論。舉例來說，如果我們讓其他裂腦症患者其中一側的腦，看到「頭」這個字，另外一側看到「石頭」，那麼患者會畫一顆頭和一顆石頭的圖畫，但你或者是我會畫出「墓碑」（譯注：英文的head和stone合起來的headstone即為墓碑之意）。可是VP也畫了一個墓碑。這是怎麼回事？因為自我提供線索的機制隨時在補償腦部處理過程的喪失，所以我們在測試裂腦症患者和其他神經疾病患者的過程裡，必須一直注意他們的身體內外是否發生了可能的資訊整合現象。比方說，裂腦症患者可能會移動自己的頭，讓兩側視野內的刺激都能進入兩邊的腦，或者他們可能會大聲說出某些東西，好讓右腦能抓到來自左腦的聽覺輸入。進一步的測試顯示，VP兩邊的腦無法將人物形狀、大小、顏色的圖形配對，所以並不只是簡單的視覺資訊傳送而已。然而如果她看見「紅色方塊」這樣的字，它們就會傳送，她用另外一邊的腦也能選出紅色方塊。最後我們才從磁振造影上發現，這原來是因為她的手術不小心留下了一點點前胼胝體纖維的緣故，那些纖維使得印刷文字能夠傳送到另一側的腦，讓她的左腦也能看見右腦所看見的字。因此它的解譯器就有兩邊的文字輸入，「頭」和「石頭」，然後把它們組合成一個字。另一方面，患者JW的左右腦是完全分裂的，完全沒有內部資訊的轉移。在他身上，任何資訊的轉移都一定是在身體外的，但是這種轉移非常聰明，也很快速，看起來就像是在腦袋裡發生的一樣。我們對他的左腦閃過「車」這個字，對右腦閃過「一九二八」，接著要他畫出他看見的東西。他是位很好的藝術家，也很喜歡車子。他用左手（只能得到右腦資訊，剛剛看到的是一九二八）畫出了一輛一九二八年的車子！透過某種方式，他的左右腦合作完成運動輸出，畫了一輛車，但是取得線索和整合是在他身體外的這張紙上進行的。當他的左手在畫畫時，他的左腦看見他畫出了什麼，影響了過程，但這並不是在他的腦中發生的事，而是起因於另一側腦的外在行動。

所以當我們有這個挺早熟的解譯器，老是在解釋從我們的平行分散式系統裡冒出來的行為、想法、情緒時，問題就來了：右腦是不是也有一個解譯器呢？當然囉，就像大腦研究常見的情況，總是會出現令人驚訝的結果，需要我們加以解釋。如同我前面提過的，右腦是最大化的愛用者。然而我們發現，右腦在面對其專司的刺激時，會使用頻率配對，例如臉部辨識這種視覺任務。在這種任務中，左腦或是右腦會被引導猜測接下來出現的臉孔上會不會有鬍子等臉部毛髮（百分之三十的臉有臉部毛髮）。在這個實驗中，左腦並不是這方面的專家，採取的反應策略是隨機的。[9]這顯示如果有一邊的腦專司某項任務，另一邊的腦就會把主控權交給那一邊，[10]由一側的腦以較快的反應速度暗示另一側的腦。

有些右腦的特化作用牽涉到視覺處理。在我們實驗室研究裂腦症患者的寇巴利斯認為右腦有視覺解譯器，專門解決空間視覺裡以平面畫面來表現立體世界所造成的模糊現象。一九〇九年，荷姆霍茲的《論生理光學》一書在他死後出版，他在書中首次提出：為了要讓我們看見立體的世界，我們會潛意識地從視網膜的平面影像資訊做推論，產生視覺感知。他提出了一個驚人的想法：感知基本上是一個認知的處理過程，不只包括來自視網膜的資訊，還包括感知者的經驗和目標。寇巴利斯強調，要從視網膜影像提供的資訊創造出對世界的正確表述需要極高的智力，並且認為右腦「解譯器」的處理過程達到了這一點。[11]

了解我們為什麼會被一些視覺幻象所騙，了解不是所有視覺幻象都是左右腦同時看見，並且知道左右腦在視覺處理過程中扮演的角色，都是解開視覺系統謎團的一部分。寇巴利斯與同僚發現，雖然左右腦的低階視覺處理能力相同（處理視覺刺激的第一階段），像是感知到假輪廓（就算沒有線條、亮度、顏色的改變，還是覺得自己感知到輪廓的錯覺），[12]但是右腦在各種牽涉到進階處理過程的視覺任務都比左腦在行。右腦很容易就能做到本質上是空間性的辨識工作，例如偵測兩個影像是相同或是鏡像，偵測線條方位的些微差異，[13]還有在心裡將物體旋轉等，[14]但左腦在這些任務方面就很弱。右腦與時間有關的判斷能力也比較優越，比方說判斷兩個物體出現在螢幕上的時間長度是否相同。[15]右腦在感知編組方面好像也特別強大。舉例來說，如果你給右腦看已經畫出了一部分的圖形，它很輕鬆地就能猜出是什麼，但是左腦要看到幾乎完全畫好的圖才猜得出來。另外一個例子是線條動作錯覺，也就是當線條一次完整地出現在視覺顯示器上，對觀察者來說，看起來卻像是從一端伸長的那樣。這種錯覺在低階和高階的視覺處理中都可以被操縱。如果一個點在線條出現前先出現在一端，那麼這條線看起來就會像是從那個點延伸出來的。[16]這是低階的處理，而左右腦都經歷到這個錯覺。如果這條線是在兩個顏色或寬度不同的點中間閃出來，那看起來就會像是從符合線條特質的那個點伸長出來的。[17]這牽涉到高階的處理，右腦會看見這個錯覺，但左腦不會。[18]

如果右腦很會理解複雜的模式，並能對此有自動化的反應，我們認為也許能透過西洋棋大師的能力將右腦抽絲剝繭。西洋棋士經常是認知科學家的目標，這是從一九四〇年代開始的，當時一位心理學家德格魯自己就是一位西洋棋士。國際大師暨兩屆美國西洋棋冠軍沃夫二十歲的時候，就用二十五步打敗了世界西洋棋冠軍卡司帕洛夫。我們邀請沃夫到我們的實驗室，給他五秒鐘的時間看一張西洋棋盤的圖，盤面上棋子的擺放都符合棋理，然後再要他重新排出這個盤面。他很快而且很精確地完成這個任務，二十七個棋子當中有二十五個的位置都正確。如果你和我來做這件事，就算我們很會下棋，大概也只能放對五個棋子。但問題還是沒有解決。他能做到這一點只是因為他的視覺記憶很好嗎？如果這是真的，那麼這些棋子的位置是否符合棋理應該都沒關係。回到棋盤上，他又很快地看了一次同樣的棋盤，上面的棋子數量相同，但是位置都不合棋理。這次他只放對了幾顆棋子，就像不會下棋的人一樣。他原本的精確度是來自右腦自動化地將棋盤上的模式，與他多年下棋的經驗配對而成的。

所以雖然我們身為神經科學家，知道沃夫的右腦模式感知機制都是已編碼的、自動化運作的，而且是這種能力的源頭，但他本人並不知道。當我們問他這件事時，他的左腦解譯器很努力地想找出答案：「你只要想辦法……很快了解情況就好了，當然就把東西排在一起嘛，是吧？很明顯的，就是這些士兵嘛……但是，但是那個啊，你把這些棋子排得很正常，好像……我是說，有人可能覺得這算是個結構，但我會想更多，這些士兵都像這樣……」解譯器最多只能和它可取得的資訊一樣好，解譯器接受了多重模組計算的結果，但沒有接受到「有多重模組」這樣的資訊，沒接受到這些模組怎麼運作的資訊，也沒接受到右腦有一個模式辨識系統的資訊。

解譯器是只能用它接收的資訊解釋事件的模組。以沃夫的例子來說，它接收的資訊就是他可以看一眼就複製出棋盤上的棋子，而且他對西洋棋有豐富的知識，所以他就用這些資訊來解釋他的能力。

綁架解譯器

認為解譯器最多只能和它所接收的資料一樣好的這個概念，對於解釋正常人和神經疾病患者很多看起來莫名其妙的行為至為關鍵。的確，如果你給解譯器錯誤的資料，你就能綁架它，也許製造出和本來要說的不一樣的故事。所以對我們的解譯器處理過程來說，真實也許是虛擬的。它靠的是此時此刻的感覺線索。

比方說，如果你和你正常運作的大腦去一個虛擬實境實驗室，你注意到這個實驗室是一個有著平坦混凝土地板的大房間，這是你目前的現實。接著你戴上虛擬實境的眼鏡，於是你看見的東西都是由角落那個在操作電腦的傢伙所控制的，他以捉弄你為樂。你開始走，突然在你面前的地面出現了一個很深的裂縫。唉呀！你的腎上腺素激增，心跳加快，於是馬上往後跳。你聽見了笑聲，但此時坑洞上出現一片窄窄的木板，他們要你走過這個坑洞。如果你像我一樣，你就會拒絕，說：「不可能！」如果你是追求刺激的人，你就會嘗試。你會把雙臂往外伸以保持平衡，用龜速前進，心跳撲通撲通，而且肌肉緊張。當然，實驗室裡每個人都笑得更厲害了，因為其實你是站在平坦的混凝土地板上，可是儘管你知道這件事，你的常識卻被當下的感知給挾持了。你對世界的解譯立刻被凌駕於意識大腦的視覺線索給影響了。

解譯器從不同的領域接收資料，這些領域負責監督視覺系統、體感覺系統、情緒，與認知表徵。但如同我們上面所看到的，解譯器只能使用可取得的資訊。這些領域監督系統的任何損傷或失能，會造成各種罕見的神經狀況，涉及對自我、他人、物體、周圍環境的不完整或妄想的理解，並以看起來很奇怪的行為表現出來。可是一旦你了解這樣的行為都是解譯器沒有得到，或得到錯誤資訊造成的結果，那就不會那麼奇怪了。在上一章裡我們看到監督部分視覺系統的領域出現損傷時會發生什麼事，接著我們進入要監督體感覺系統的領域，這裡受到損傷可能會造成所謂「病覺缺失」這種症候群，有這種症狀的人會否認他們癱瘓的左手是自己的。神經學家拉瑪錢德朗記錄了和這樣的病人交談的內容：

病患：（指著自己的左手）醫生，這是誰的手？

醫生：你覺得是誰的手？

病患：這個嘛，當然不是你的！

醫生：那麼是誰的呢？

病患：也不是我的。

醫生：你覺得這是誰的手？

病患：這是我兒子的手，醫生。[19]

頂葉皮質一直在尋找手臂在三維空間裡的位置資訊，並且監督手臂的存在與其他東西之間的關係。如果神經系統周邊的感覺神經受損，流到大腦的資訊就會中斷，這個監督系統不會再接收到關於手臂位置、手中有什麼東西、會不會痛、感覺冷或熱、會不會動等資訊。於是監督系統開始抱怨了：「沒有資訊輸入！左手到哪裡去了？」但是如果損傷是在頂葉本身，那麼就不會產生監督活動，因此也不會有抱怨聲出現，因為該抱怨的那個東西已經受損了。右頂葉有損傷的病患代表左側身體的腦部區域受到破壞，就像這個部分的身體在腦中失去了代理人，而且沒有留下任何痕跡。他的腦沒有任何地方會向解譯器回報左半邊身體的事，或是回報它到底有沒有在運作。對這樣的病人來說，左半邊的身體就不再存在了。當神經學家把病患的左手抬到她的臉前面時，因為沒有任何體感覺資訊到達病患的解譯器，所以她做出了一個很合理的反應：「這不是我的手。」完整並且在運作的解譯器無法從頂葉得到關於左手的資訊，所以這手不會是她的。就這樣來看，病患的說法是比較合理的。

另外一種奇怪的狀況是卡波格拉斯症候群，這種症狀的問題出在監督情緒的系統。患者認得親近的人，但會堅持對方是冒充者，而且被一模一樣的替身取代了。比方說，拉瑪錢德朗描述的另外一位病患說自己的父親「看起來就跟我父親一模一樣，但他真的不是我父親。他是好人，但他不是我父親，醫生。」當你問他這名男子為什麼要喬裝他父親時，他回答：「這就是最令人吃驚的地方了，醫生，怎麼會有人想要假扮我父親呢？也許我父親雇用他來照顧我，給他一些錢，好讓他幫我付帳……」[20]這種症狀是對熟悉者的情緒感覺與該人物的樣子之間失去了連結。[21]病患看見他們熟悉的人的時候感覺不到情緒，這是用皮膚傳導反應就能測量出來的。解譯器必須解釋這種現象，它從臉部辨識模組接收到的資訊是：「他是爸爸。」可是它卻沒有接收到任何情緒資訊，所以解譯器必須做出因果推論。解譯器想出的解釋是：「那一定不是真的爸爸，因為如果他真的是我爸，我就會有情緒感受，所以他是冒充的！」

雖然這些挾持解譯系統的案例看起來可能很有意思，但還有一些例子是讓人覺得比較切身的。減輕焦慮的藥物很常見，但焦慮並不一定是壞事。如果你走在路上，看見有人的動作鬼鬼祟祟，那你覺得有點焦慮、警醒、提高警覺就是正常而且實際的，在演化的數十萬年中，這種腎上腺素的增加已經被證明是成功的。然而如果你吃藥抑止焦慮感，你在看見危險的情況時就不會警醒、提高警覺。你的監督系統已經被挾持了，而且送給解譯器一些不好的資訊。你不會覺得焦慮，你的解譯系統也不會把情況歸類為危險，還會做出不同的解釋，讓你不會特別注意。已經有人認為這種藥物在紐約市的使用率增加，與搶劫行兇和急診人數增加有相關性。

不過在其他時候，抗焦慮藥物並不是攔截我們「戰鬥或逃跑」反應的罪魁禍首，而是我們的解譯器在讓情況合理化：「冷靜下來，沒什麼奇怪的，他只是個流浪漢而已。」也許是因為聽了太多不要懷疑陌生人、不要歧視異己的建議，我們的解譯器就忽略了這些警告訊號。

拉瑪錢德朗認為，各種防禦機制，包括合理化（創造出虛構的證據或錯誤信念）和壓抑之所以會出現，是因為腦從諸多訊息來源得到一個最可能也最一致的證據解讀，然後忽視或抑制了衝突的資訊。這樣的說法和我們的發現一致：左腦會使用頻率配對，並錯誤地將類似但其實是新的刺激，當成過去看過的相同刺激。它會從所有輸入中找到重點，試圖找出一個模式，然後用一個合理的說法解釋一切。拉瑪錢德朗還認為，右頂葉有一個他稱之為「異常偵測器」的系統，會在誤差太大的時候開始抱怨。這時候右腦就真的來插手了，這就能說明右頂葉受損的病患的左腦為什麼會說出這麼離譜、胡扯的故事，因為它不受到右腦異常偵測器的限制；可是如果是左腦受損的人就不會這樣，因為右腦是完全正確的，而且這套嚴格的系統會運作無誤。病患如果是左前額葉有損傷，通常無法做出否認、合理化、虛構等「填補空隙」的行為，因此經常覺得很沮喪。想像一下，當你永遠想不到可以吃掉巧克力蛋糕的合理說法時是怎樣的情況。

我不敢相信我的眼睛！

解譯器隨時隨地都一直在處理腦中正在進行活動的各處不斷改變的輸入。坐在蘋果樹下的牛頓，沉迷於人類不斷尋求萬事萬物解釋與成因的特質，他問自己：「為什麼蘋果會掉下來？這個嘛……沒有東西推它，為什麼它不會往上？」牛頓正在進行涉及因果關係的兩種不同處理過程，我們已經知道其中一種發生在右腦，另外一種發生在左腦。比利時實驗心理學家米喬特，想出了一個關於感知層次的因果關係論定最有名的例子，這個實驗叫做「米喬特的球」。如果先觀察到螢幕上綠色的球往紅色的球移動，在兩者接觸到的時候停住，接著紅球立刻移開，那麼大部分的人都會說是綠球造成紅球移動的。這就是感知層次的因果關係論定，也就是直接地感知到（在這個例子裡是透過觀察）實體接觸後的結果發生了某個動作。可是如果兩顆球接觸彼此後過了一段時間，紅球才移動，或者如果兩顆球並非真正地接觸到彼此，而紅球移動了，那麼大部分的人都會說兩者間沒有因果關係。看得出這種差異的是右腦。[22]在回答因果關係時，左腦不會受到時間或是空間距離的影響，不論在什麼情況下，都會說是綠球使得紅球移動了。感知層次的因果關係推論是右腦的管轄範圍，所以當牛頓觀察到蘋果從樹上落下，但感知到沒有任何可觀察到的互動造成這個現象，他用的是右腦。對其他動物來說，故事就到此為止了。但是對牛頓來說，可不是這樣就算了。他繼續使用因果關係推論，應用邏輯規則與概念知識來解釋事件，這個部分呢，如同你可能已經猜到的，是屬於左腦的管轄範圍。這可以從下列實驗的結果中看出來：有一紅一綠兩個小盒子懸掛在一個較大的盒子上方，當盒子往下掉，碰到較大的盒子時，不管是一次掉一個或是兩個一起掉下來，只有在綠盒子碰到大盒子的時候，大盒子才會發亮。左腦可以立刻推論出因果關係，認為大盒子一定要碰到綠盒子才會發亮，但右腦無法這麼想。就像你和我在生活中糊里糊塗地，一件事做完又做下一件那樣，腦中分散的不同區塊都會在處理過程中參一腳，而且天衣無縫地合而為一，隨時主導我們的意識。

和解譯器一起忙碌

出人意料的是，我們第一次看到這種天衣無縫的混合發揮作用時，居然是在第一個裂腦症患者開始從右腦說出少少幾個字的時候，而且之後還有其他幾個病例也是一樣。當我們向右腦閃過「鑰匙」，左腦閃過「叉子」這兩個字的時候，患者居然不是只說「叉子」，而且是接著說了「鑰匙」，這讓我們震驚不已。現在是怎麼回事？我們再次想知道左右腦是否從內部或是外部傳遞了資訊，或者左右腦是不是在對話。為了搞清楚這一點，我們又閃了兩張圖片，但這次要求患者不要告訴我們圖片是什麼，而是告訴我們兩者相同與否。她做不到這一點。在測試多次後，顯然右腦只是把字丟出來，而沒有進行資訊轉移。我們開始做一些能顯示一個人能多快適應的測試，結果發現解譯器只會盡可能抓住任何資訊。我們給患者PS看一系列共五張的投影片，每張上都有兩個字，分別是「瑪麗；安」「可能；來」「拜訪；進入」「那個；小鎮」「船；今天」。左邊的字是右腦看見的，右邊的字是左腦看見的。左右腦各看見的五個字都能編出一個合理的故事。右腦看見的是：瑪麗可能會拜訪那艘船。左腦看見的是：安今天進來小鎮。如果像我和你那樣，正常地從左唸到右，這一系列的投影片就會變成一個故事：瑪麗安今天可能會到鎮上（譯注：township，鎮〔town〕和船〔ship〕合成的字）來拜訪。那麼裂腦症患者會說自己看到什麼呢？

PS：安今天進來小鎮〔左腦在回答〕。

實驗者：還有嗎？

PS：在船上〔右腦插手了〕。

實驗者：誰？

PS：瑪。

實驗者：還有什麼？

PS：去拜訪。

實驗者：還有呢？

PS：去看瑪麗安。

實驗者：現在重複整個故事。

PS：瑪今天應該要去鎮裡拜訪在船上的瑪麗安。[23]

PS在自己說出那些字之後，把字編成了一個故事。解譯器從外部接收到來自右腦的資訊，在右腦把這些字說出來讓左腦聽見之前，它並不知道這部分的故事，但現在解譯器就必須處理這個情況了。我們再次看到不同的行為整合進一個一致的架構，秩序是從混亂中形成的。這麼一來，出自右腦的行為會被整合到左腦的意識流裡，我們就能看到／聽見眼前發生的事。

在另外一個例子裡，我們向右腦閃過一張可以放小朋友在裡面的玩具拖車圖片，右腦馬上跳出了「玩具」這個詞。在接下來的對話裡，沒看見圖片的左腦一直很努力地想解釋為什麼自己說了「玩具」這個詞：

實驗者：你為什麼會想到「玩具」？

患者：我不知道，那是我腦中唯一想到的詞。最先在我腦中出現的東西。

實驗者：那看起來像是玩具嗎？

患者：對，感覺起來是這樣。好像內在有個聲音這樣告訴你。

實驗者：你很常聽內在聲音的話嗎？你有多常順著「好像是這樣」的東西？

患者：如果我不能分辨這東西一開始像什麼樣子，如果一開始就說出那個東西，我就會順著那個東西……最先在我腦中出現的東西。

這些很明白的例子都讓我們知道，我們的認知系統並不是一個統一、有單一目的與單一思考路線的網絡。

這對整體來說到底代表什麼？

神經科學現在的看法是，意識並不是由單一、類化的處理過程所組成。愈來愈清楚的是，意識牽涉到廣泛分散的許多特化系統與分裂的處理過程，[24]其產品會由解譯器模組以動態的方式整合。意識是一種突現特質。隨時隨地，不同的模組或系統會互相競爭，以求取得注意力，而當下意識經驗底層的神經系統就會以贏家的姿態浮現。當我們的腦對一直改變的輸入做反應的同時，我們的意識經驗會飛快地組裝起來，計算可能的行動路線，並像熟練的孩子一樣執行反應。

所以我們又回到了本章最初的問題：為什麼儘管我們是由極大量的模組所組成，我們卻如此強烈、幾乎不言可喻地感覺自己是統一的整體？我們並沒有體驗到一千個喋喋不休的聲音，而是一個統一的體驗。意識很輕易也很自然地從這一刻流到下一刻，帶著單一的、統一的、一致的敘述性。我們所感受到的心理學上的一體，出自這個稱為「解譯器」的特化系統，它會產生關於我們的感知、記憶、動作以及它們之間關係的解釋。[25]這帶來了個人敘述性，這個故事把我們意識經驗裡分散的所有方面都綁在一起，成為一個一致的整體：從混亂中形成秩序。解譯器的模組看起來像是人類獨有的，而且特化在左腦。它產生假設的動力就是人類信念的契機，而信念也反過來限制了我們的腦。

我們意識的建構式本質對我們而言並不明顯。解譯系統的行動只有在系統可能被騙、被強迫利用貧乏的輸入而做出明顯錯誤時才能觀察到，最明顯的就是裂腦症或腦部受損的病患，但接受到錯誤資訊的正常患者也有這種現象。然而就算是腦部受損，這個系統還是讓我們覺得自己是「我們」。我們已經從裂腦症患者身上學到，就算左腦失去了所有右腦管理的心智程序意識，或是相反的情況，患者並不會覺得任何一邊的腦失去了對方，就像是我們對於再也無法取得的東西不會有任何知識一樣。突現意識狀態會從分開的心智系統出現，如果它們不再相連接或是已經受損，就沒有底層的迴路能讓突現特質興起了。

我們主導的左腦會不懈地想解釋在意識中已經跳出來的吉光片羽，而我們的主體意識就在這樣的過程中出現。注意，我說的是**已經**跳出來。這是事後的理性化過程。編織故事的解譯器，只能利用那些進入意識的東西來編織。因為意識是慢的處理過程，不管進入意識的是什麼，都已經發生了，是既成事實。如同我們在本章開頭看到的故事，在知道我到底是看見蛇了，或者那只是草叢在沙沙作響之前，我已經往後跳了。我們在事實發生後才編造關於自己的理論，這樣代表了什麼？我們有多少時間是在虛構，針對過去事件提出非寫實的敘述，並且相信那是真的？

這種事後的解釋過程，對於很多大問題都有其涵義與衝擊，包括自由意志與決定論，以及我們會在下一章看到的責任和道德羅盤。在思考這些大問題的時候，我們必須記得，要**謹記在心**、**絕對不可以忘記**：這些模組都是在演化的過程中被挑選出來的心智系統，是擁有這些模組的個體做出了選擇，才帶來了生存與繁殖。他們成為了我們的祖先。

第四章　拋棄自由意志的概念

人類的解譯器挖了一個洞給我們跳。它創造了一個「自己」的幻象，然後讓我們人類覺得有一個「我」可以「自由地」做出我們行動的決定。就很多方面來說，這是人類擁有的一個很棒的、正面的能力。隨著智力的增加，以及能夠看到立即可感知的顯著關係之外的能力，我們這個物種多久後才開始懷疑這一切的意義——生命的意義是什麼？解譯器提供了故事情節和敘述性，我們也都相信自己是以自由意志行動、做出重要決定的「我們」。這樣的錯覺是如此強大，以至於不論怎麼分析，都無法改變我們認為自己是出於自己意志、有目的地行動的感覺。老實說，就算是最死忠的決定論者和宿命論者，在個人心理層面上都無法真正相信他們只是大腦西洋棋盤上的小兵。

要戳破這個認為有單一的、有意志的自己的幻覺泡泡，簡直困難到了極點。就像我們都知道世界不是平的，但卻很難相信這件事，要相信我們不是完全自由的「我」也很困難。要開始了解關於自由意志的幻覺，我們可以問這個問題：到底人類想要脫離什麼以得到自由？自由意志到底代表什麼？不論行動是如何造成的，我們都希望它們能夠準確、一致、有目的地執行。當我們伸手去拿水時，我們不希望手突然伸過來揉眼睛，或是握杯子握得太用力，把玻璃杯弄破，也不想讓水從水龍頭往上噴出來，或變成一片水霧。我們想要世界上所有的物理與化學力都站在我們這邊，聽我們的神經與身體系統的話，這樣不管我們要做什麼事都不會出錯。所以我們不希望自己脫離自然的物理法則而得到自由。

再從社交的角度來想想「自由意志」的問題。我們相信自己的行動一定是自由的，但又通常希望別人的不是。我們希望計程車司機帶我們到目的地，而不是他覺得我們要去的地方。我們希望選出來的政治人物，能依照我們已經決定的（也許是錯誤的）他們的思維方式，支持未來的議題。我們不喜歡知道其實我們把他們送到華盛頓的時候，他們都是自由自在、不受控制的（但他們可能的確是）。我們強烈希望我們選出來的官員，還有我們的家人和朋友都值得信賴。

雖然過去有這麼多偉大的心靈討論過自由意志，赤裸裸擺在我們眼前的事實卻是：儘管我們有這些獨一無二的特質，我們也還是大型動物——但這個事實卻難以被完全認同與接受。然而決定論這個強大的想法卻很明顯，也受到認可。同時，在神經科學出現令人驚奇的進展之前，關於機制的解釋還尚未為人所知。但現在我們已經知道了，現在我們知道我們是演化而成的實體，像瑞士鐘錶一樣運作。現在我們比過去更需要知道，我們在下面這個核心問題的位置為何：我們到底是不是要為自己行動負責的「我們」？當然看起來像是我們應該要。簡單來說：問題不是我們是不是「自由」的，問題是，根本沒有一個科學的理由讓人可以不為自己的行為負責。

在千辛萬苦說明這一點的過程裡，我要提出兩個重點：

第一點和大腦所成就的意識經驗的確切本質有關：我們人類喜歡來自底層神經的、細胞對細胞的互動所產生的心智狀態。如果沒有這些互動，心智狀態就不存在。同時，光是知道細胞互動也無法定義或了解它們。從我們的神經行動突現的心智狀態，的確會限制使其得以出現的那些大腦活動。例如信念、思想、欲望這些起於大腦活動的心智狀態，會反過來影響我們決定以哪一種方式行動。最終，這些互動只能用新的語彙來理解，因為這樣才能確切解釋同一個東西的兩個不同層面在互動的事實；如果只剩下其中任一者單獨存在，兩者同時都會消失。就像加州理工大學的多利教授所說：「這個標準的問題可以用軟體和硬體舉例：軟體需要硬體才能運作，但在某些方面來說，軟體也是硬體裡比較『基本的』、呈現功能的那一個。所以是哪一個造成哪一個呢？這裡面根本沒有什麼謎團，只是因為使用了『造成』這個詞，才讓大家糊塗了。我們可能應該想出新的、適當的語言，而不是只想用古老的亞里斯多德式分類法來表達。」了解這樣的關係，並且找到正確的語言來描述它，代表了多利所說的「科學裡最困難也最獨特的問題」。[1]選擇不要吃果凍甜甜圈所表現出的自由，來自於在心智層面對於健康與體重的信念，而它勝過了「因為好吃所以要吃甜甜圈」的這股拉力。在採取一項行動的掙扎中，由下往上的拉力有時候會輸給由上往下的信念。可是，上面那層並不會單獨發揮功能，也不可能脫離來自下層的參與。

第二點是關於在機械論與社交的世界裡，該怎麼去思考關於個人責任這個概念。假定的事實是，不論是社交世界或機械世界，任何網絡系統都需要「當責」才能運作。在人類社會裡，這通常指的是社交團體裡的成員都擁有個人責任。那麼，個人責任是不是在個人腦袋裡的一個機制呢？或者它是因為有社交團體的存在才得以存在？或者說，這個概念是不是只有在考慮社交團體內的行動時才有意義？如果世界上只有一個人，個人責任這個概念還有任何意義嗎？我認為沒有，因此這個概念可以被視為是完全依靠社交互動與社交往來規則而成立的，而不是在大腦裡會找到的東西。當然了，有些如果世界上沒有別人就不再有意義的概念，倒並非完全依附於社交規則或互動。比方說，如果世界上只有一個人，那說他是最高的人或是說他比所有人都高是沒有意義的，而「比較高」這個概念就不是完全依賴社交規則而成立的。

這聽起來的確是學術界知識份子的瘋言瘋語無誤。這麼說來，我去餐廳的時候，我可以隨意選擇餐點，或是早上鬧鐘停下來的時候，我可以去運動或是翻過身繼續睡，這就是我的自由選擇；或者換一個方面來說，我也能走進一間商店，選擇不要沒付錢就把東西放進我的口袋裡。在傳統哲學裡，自由意志是相信人類的行為是個人選擇的表現，並不是由物理力、命運，或是神所決定的。你是發號施令的人，就是**你**，一個有中央指揮中心的自己在負責一切，不受因果關係所影響，一切都是你做的。你可以不受外界的控制、強迫、強制、欺騙，也不會缺乏限制自己行為的內在能力。可是我們在前一章裡學到，現代的觀點是大腦成就了心智，而**你**就是你那個有很多平行與分散式機制的腦，根本沒有中央指揮中心。在機器裡根本沒有鬼魂，**你**也不是什麼神祕的東西。那個你很引以為傲的**你**，是你的解譯器模組盡其所能地收集資訊後編織的故事，儘量說明你的種種行為，並且否認或是把剩下的東西合理化。

我們已經看過我們的功能是自動化的：我們悠哉地感知、呼吸、製造血液細胞、吸收，根本沒有多想。我們也會自動化地以某些方式行事：我們會結盟，和自己的小孩分享食物，從痛苦中抽離。我們人類也會自動化地相信某些事：我們相信亂倫是錯誤的，花不可怕。我們左腦解譯器的敘述性能力就是自動化的處理過程之一，因此會出現統一或目的的錯覺，這是事後現象。這是否代表我們只是靠著自動導航系統隨波逐流呢？我們的整個生命和我們所做、所想的一切，都是已經決定好的了嗎？我的天哪。像我之前說過的，就我們目前對大腦運作方式所知，我們似乎需要賦予「擁有自由意志到底代表什麼」這個問題一個新的框架。我們在說的到底是什麼東西？

牛頓的萬有定律和我家

一九七五年的時候，也許我對自己的決定還不夠深思熟慮，不過我選擇自己蓋房子，而且也真的這麼做了。注意，我並沒有說「我選擇讓我的房子蓋起來」，不過那樣的結果可能還比較好。多年來大家都一直拿我開玩笑，因為如果在我家客廳地板上放一顆球，它自己就會從客廳滾到餐廳，然後滾進廚房。廚房流理台也有類似的現象，那些在意直線的人還會批評房子正面那一排窗戶是歪的。我的房子是一間物理學家會很愛的房子，因為它不只表現出牛頓運動定律與一些混沌理論的原則，還能讓他們指著大笑，因為這間房子顯然是生物學那派的人蓋的，那個人不太在意尺寸不精準，顯然不是個工程師。

首先，我的房子表現出實驗科學的基本原則：沒有任何測量結果是絕對準確的，測量值裡總是會有某個程度的不確定性——有調整的空間。之所以有不確定性，是因為不論使用哪一種測量儀器，準確度都有限，因此永遠無法完全排除不精確性，就算是一個理論上的說法都不行。事實上，在某些例子裡，測量某樣東西的動作本身就可能改變測量值。物理學家知道這一點，但並不喜歡。所以他們才一直發明更多精確測量的儀器，而我當初蓋房子的時候應該要多使用一些才對。我承認我剛開始蓋房子的時候，就已經有一些不準確的測量值了。物理學家會點頭稱是，表示儘管很令人遺憾，但就是會這樣，而我那個當建築承包商的女婿會瞪大眼睛不可置信。牛頓也會，因為多虧了這位十七世紀的科學家，物理學家有長達兩世紀的時間都認為最後得到完美的測量值是可能的；而一旦你得到了完美測量值，一切就會整整齊齊地各司其位。在算式的開頭放進一個數字，最後結果一定一樣會多了那個數字。

牛頓可不是個偷懶的學生。他在讀劍橋大學時，學校因為瘟疫疫情而關閉兩年，但他沒有坐在爐火旁讀小說（英國著名作家喬叟可能會）、打撞球、喝啤酒，等著學校再度開學；他利用時間讀了伽利略和克卜勒的著作，並且發明了微積分，而這是個好東西，因為幾年後就變得非常好用。義大利天文學家伽利略逝於一六四三年，和牛頓出生是同一年。伽利略應該是廣告詞「做，就對了」（Just do it）這句話的原創者，他不會只是坐著空談自己覺得宇宙的構造如何（那是柏拉圖的一貫手法），而是決定要用測量與數學為自己的想法與觀察找到根據。是伽利略想出了這些偉大的概念：物體除非受到其他力的作用（通常是摩擦力），否則應該維持速度與直線軌道。這和亞里斯多德的假設相反，他認為除非被施加外力，否則物體會自然減速並停止。伽利略也想出了慣性理論（物體在運動時會自然抗拒改變），並指出摩擦是一種力。

牛頓把這些想法組合成很好的一套理論。他仔細研究過伽利略的實驗觀察與資料後，把伽利略的運動法則寫成代數算式，發現這些算式也能描述克卜勒對行星運動的觀察，但伽利略沒有領悟這一點。牛頓想出的觀念是，**宇宙**裡的物理物質（也就是一切），都會根據一套固定的、可知的法則，還有他剛剛算出來的數學關係運行。他的三大運動定律主宰了我客廳裡的球，屹立不搖地通過了三個多世紀的實驗與實務應用測試，從時鐘到摩天大樓一律適用。可是牛頓定律震撼的是整個世界，不是只有物理學的聖殿而已。你可能會覺得，為什麼某個用微積分、伽利略的資料還有蘋果亂搞的傢伙會造成這麼大的轟動？如果你像我一樣，那麼物理課並沒有讓你陷入任何生存危機。

決定論

當決定論的主題成為茶餘飯後的話題時，大家很容易就會怪到牛頓和他的萬有定律頭上，不過這些想法其實從希臘人這些好奇寶寶的時代就已經存在了。牛頓將宇宙的精密規畫濃縮成一套數學公式，而如果宇宙的精密規畫是跟著一套已決定的法則，那麼一切打從一開始就已經決定好了。就像我先前說過的，決定論是一套哲學信念，認為所有目前與未來的事件、行動，包括人類的認知、決定與行為，**在因果關係上**都是因過去的事件加上自然法則而成為必然。那麼自此推論的結果就是，每一個事件或行動等，都是預先決定的，而原則上只要知道所有參數，也就是可以事先預測的。牛頓定律反過來也適用，換句話說，時間並沒有方向，所以你觀察某物現在的狀態，也可以知道它過去的狀態。（彷彿自由意志和決定論的問題還不夠惱人一樣，某些認真的哲學家和物理學家還相信時間本身並不存在。他們的說法是，時間也是一個幻象，而一切都在人類當下覺得自己自由的內心世界中上演。）決定論者相信，這個宇宙和其中所有的東西完全由因果法則所主宰。他們的左腦解譯器是不是瘋了，居然把這種想法搬上台面？在我們更了解物理學之後，我們會回來看看這種因果關係的說法。

現在這個想法的後續影響對大家來說都一樣困擾。如果宇宙和當中的一切都跟著預先決定的法則，那麼似乎暗示個人並不必為自己的行動負起各自的責任。繼續吃甜死人不償命的巧克力蛋糕吧，這是大概二十億年前就注定的事；考試作弊？你沒辦法控制啊，做吧；跟你丈夫處不來？給他下毒然後說是宇宙要你這麼做的。這就是牛頓的宇宙法則造成的軒然大波了。我稱之為「絕望看法」，但很多科學家與決定論者都認為事情就是這樣，而剩下來的我們就是不買帳。「是宇宙害我買那件衣服的！」或者「是宇宙要我買那輛保時捷的！」*這些話在餐桌上可說不通。可是如果我們要成為有邏輯的神經科學家，不就應該是這樣嗎？

事後的世界？

我們接受這樣的想法：我們的身體是嗡嗡作響的機器，由遵守決定論法則的自動化系統運作。幸運的是，我們不需要有意識地消化食物，維持心跳，讓肺處理氧氣。可是一說到我們的思想與行動，我們就不想認為這些都是無意識的，不認為這是遵守一套預先決定的法則的。但事實還是一樣，而且可以用實驗表現出來，在你的腦意識到行動之前，它們就已經結束、完成，然後過時。你的左腦解譯器系統才是讓出現的意識回到過去，說明行動成因的東西。為什麼解譯器總是在問問題和回答問題？事實上，目前在哥倫比亞大學的劉賀寬就能擾亂你腦中對時間的概念。他曾研究能不能利用跨顱磁刺激證明或是反證明有意識地控制行為到底是錯覺還是真實。

所謂跨顱磁刺激，顧名思義會在頭外面放上用塑膠密封的線圈。當線圈啟動時，線圈產生的磁場會通過頭骨，在腦內引發電流，局部啟動神經細胞。這種方法可以應用在特定的細胞或一

---

*感謝歌手威爾森那張著名專輯的名稱《是魔鬼害我買那件衣服的！》（*The Devil Made Me Buy That Dress!*）。

個較大的區域，因此可以研究大腦不同部位的功能與連結。此外也能抑制大腦各部分的活動，研究特定區域與其他區域的處理過程連結被切斷時會發生什麼事。額葉皮質區域被稱為輔助運動區，這裡與規畫來自記憶的一連串運動動作有關，例如彈奏記憶中的鋼琴前奏曲。而前輔助運動區則與習得新動作的順序有關。劉賀寬從他人的研究中得知，刺激內側額葉皮質會讓人有迫切想移動的感覺，[2]獼猴的這一區若受損，會使得牠們喪失自主運動的能力。[3]他自己之前則發現，受試者若因本身的自由選擇產生動作，這一區會出現活化作用。[4]因此他開始對前輔助運動區產生興趣。劉賀寬發現，在執行自發動作**後**對前輔助運動區進行跨顱磁刺激時，人**察覺到**行動**企圖**起始的時間點（你意識到自己企圖要行動的那一刻），在時間地圖*上會被**往回倒轉**；而**察覺到**真正**動作**的時間點（你意識到你在行動的那一刻），則會在時間上被**往前移動**。[5]我認為他做的事，其實就是在玩弄解譯器模組。

有一張時間地圖把你的意圖和行動都畫在上面，但它們卻不一定真的發生——這個念頭好像很瘋狂，可是其實一直都發生在你身上。想想看你不小心用榔頭打到手指，然後把手縮回來的情況。你的解釋會是，你打到了手指，手很痛，然後你把手縮回來。可是事實上的情況是，你在感覺到痛之前就把手縮回來了。你要花幾秒鐘才會察覺到，或者說意識到你的痛，但那時候你的手早就逃之夭夭了。真正的情況是，你的手指的痛覺受器會沿著脊髓神經傳送訊號，訊號立刻又沿著運動神經送回你的手指，引發肌肉收縮，然後不經大腦就把手縮回來，這是一種反射動作，你會先移動。痛覺受器的訊號還是一樣會送到大腦，但只有在大腦處理訊號與解釋這是痛覺之後，你才會意識到痛。意識需要時間，而且人並不是先意識到痛，再做出移動手指的有意識的決定，把手縮回來是一種自動化的反射。在傷害已經造成後，你的大腦才會出現對痛產生意識的訊號，讓你注意到手指，但這時你的手指已經移開了。你的解譯器必須利用所有可觀察到的事實（痛和移開的手），拼湊出一個合理的故事，來回答「為什麼」的問題。如果你是因為痛才把手縮回來的，那就很合理了，所以它就捏造了時間順序。簡單來說，解譯器讓這個故事符合「人真的是自主地做出動作」這個令人開心的想法。

認為我們擁有自由意志的信念已經滲入我們的文化，而也由於人類和社會在這個信念之下都能有更好的行為表現，這個信念就更加強化。而是否有一個信念、一種心智狀態在限制腦呢？明尼蘇達卡爾森管理學院的心理學教授沃絲與加州大學聖塔巴巴拉分校的心理學教授斯庫勒，[6]用一個聰明的實驗顯示人在相信自己有自由意志時會表現得更好。在三十六個國家進行的大型調查發現，超過百分之七十的人同意他們的生活掌握在自己的手裡。其他的研究也發現，改變人的責任感會改變他們的行為，[7]而對這些研究結果感到好奇的沃絲和斯庫勒開始從事實證研究，想了解人在相信自己可以自由運作時，會不會表現得更好。他們給大學生看一篇從諾貝爾生理醫學獎

*大腦地圖是腦部的神經元表現，對時間的表現是其中之一，稱為「時間地圖」。

得主克里克的大作《驚異的假說》中節錄出的段落，這本書裡面充滿著決定論的偏見。這些大學生在看完文章後接受電腦測試，實驗人員告訴他們這套測試用的軟體有個小問題，所以每個問題的答案都會自動跳出來。他們指示這些大學生要按住鍵盤上一個按鍵，避免跳出答案的情況發生。因此這些大學生如果不想作弊，就得花費額外的心力。另外一組學生則讀了一本對生命有正面展望的勵志書，接著接受相同的測試。結果呢？讀過決定論文章的學生作弊了，而那些讀了正面態度書籍的學生則無。就本質上而言，一種心智狀態會影響另外一種心智狀態。沃絲和斯庫勒認為，不相信自由意志產生的弦外之音，就是讓人覺得努力是徒勞無功的，給了人一張「不用麻煩了」的許可證。

大家會傾向不用麻煩了，因為用控制自己的方式給自己找麻煩需要額外的努力，還會耗損能量。[8] 佛州大學的社會心理學家鮑麥斯特、麥斯坎普，以及德沃繼續進一步研究，發現閱讀決定論的文章會增加受試者的侵略行為，也比較不會幫助他人。[9] 他們認為，對自由意志的信念，可能對激勵人類控制自動化的自私衝動至為關鍵，而要駕馭自私的念頭與限制侵略性的衝動，需要相當程度的自我控制與心智能量。支持自願性動作的心智狀態，對於後續的動作決定會造成影響。看來並不只是我們相信我們能控制自己的行動，讓大家都相信這件事也有好處。

然而在大學生活這個層面，決定論者在過去幾個世紀裡對自由意志一直有諸多攻擊。西元六世紀，哥白尼宣稱地球不是宇宙中心，因此掀起很大的波瀾，接棒的，如我們所知，是伽利略和牛頓；後來以二元論著稱的笛卡兒其實也提出身體功能要遵守生物規則的說法，達爾文更提出了天擇的演化論，佛洛伊德則大力推廣潛意識的世界。這些想法都是生物界的強大火力，最後因為愛因斯坦的相對論與嚴格的決定論世界信念，更顯得不可動搖。彷彿這樣還不夠似的，神經科學的各種發現繼續將我們帶往那個方向。最基礎的論點是，自由意志根本是說開心的而已。你可能會以為物理學是這些說法的中心思想，畢竟這一切都是他們搞出來的，但物理學家卻搖著頭，偷偷跟著很多生物學家、社會學家、經濟學家從後門溜走了。繼續坐在「強硬派」決定論者這一桌的，是神經科學家與著名的演化論者道金斯，他說：「對於神經系統真正科學的、機械論的看法，難道不是讓『責任』這種想法變得沒有道理嗎？」[10]怎麼回事？為什麼標準教科書對決定論的理解會有問題？

物理學不為人知的小祕密

我的女婿會說，球會滾過我的地板是因為地板不平。接著我三歲的孫子會問，地板為什麼不平。牛頓和我的女婿都會說，因為我的測量不準確，還會指出如果我一開始量得準確一點，那我的地板就會是平的。而我為了幫自己說話，會抓著某一點做文章：所有的測量都有不確定性，所以一開始的測量就不會是完全準確的，而如果一開始的測量是不準確的，那麼從這種測量衍生出的結果也是不確定的。也許我的地板會是平的，也許不會。但是牛頓可不會同意。直到一九〇〇年那個討厭的法國人打亂一切之前，物理學家都假設只要一開始的測量愈做愈好，預測的不確定性就會愈來愈少，那麼理論上就可能接近完美地預測任何物理系統的行為。當然就我的地板來說，牛頓對實體宇宙的看法會是對的；但一如往常的，事情不是這麼簡單。

混沌理論

一九〇〇年，法國數學家與物理學家龐加萊對所謂「三體問題」（又稱為「N體問題」），做出很大的貢獻。這是從牛頓那時候就開始讓數學家困擾不已的問題，而他的發現卻讓所有人大為掃興。當牛頓定律運用在行星運動時，是完全決定論的，意思是如果你知道行星一開始的位置和速度，你就能準確地決定它們未來或過去的位置和速度。問題是，不論一開始的測量是多麼小心翼翼，都不會是完全準確的，而會有小程度的錯誤。不過當時大家也不太在意，因為他們以為一開始測量的不準確度愈小，預測結果的不準確度也會愈小。

然而龐加萊發現，雖然簡單的天文系統會跟著這套規則走，也就是減少一開始的不確定性，一定會減少最後預測的不確定性，可是由三個或以上、彼此間有互動的繞行軌道之星體所組成的天文系統就不是這樣了。正好相反！他發現就算在初始測量時只是極小的誤差，**隨著時間過去**，誤差會變得愈來愈大，造成差異極大的結果，與數學上原本預期的完全不成比例。他得到的結論是，唯一能準確預測這些包括三個或三個以上的星體的複雜系統的方法，就是絕對準確地測量所有的初始條件，而這是在理論上不可能的事。若沒有精確的初始測量值，隨著時間過去，偏離絕對精準測量值的任何細微差異，都會導致決定論的預測結果和任何隨機的預測結果相差無幾，根本不會更精確。在這類的系統裡，也就是現在所謂的混沌系統，對初始條件極端的敏感度被稱為**動態不穩定性**，或者稱為**混沌**，而長期的數學預測也不會比隨機的機率來得準確。所以混沌系統的問題在於：使用物理法則來做出準確的長期預測是不可能的，就連理論上而言都沒辦法。然而龐加萊的研究一直在幕後醞釀了好幾十年，直到一位氣象預報員開始產生好奇心才浮現。

一九五〇年代，由數學家轉行的氣象學家羅倫茲對於當時預測氣象的模型不甚滿意（可能有太多因為壞天氣而泡湯的野餐都怪到他頭上）。氣象是由許多要素所決定的，包括溫度、濕度、氣流等等，而這些要素在某個程度上都會相互影響，而且是非線性的；換句話說，它們不是直接成比例地相互影響。可是當時所使用的模型卻是線性模型。在接下來的幾年裡，他收集了許多資料開始進行綜合研究。他做出了一套包括十二個微分方程式的數學軟體程式，用來研究氣流受太陽加熱時上升後又下降的模型。有一天，在跑過這個程式得到初始資料後，他決定要再進一步計算。當時是一九六一年，他的電腦不只重得要命（大約三百五十五公斤），而且速度還很慢。在電腦計算到一半的時候，他決定重新啟動這個程式以節省時間，而這種缺乏耐心和他敏銳的大腦卻一併讓他僥倖地留名青史。當他把前次運算到一半得到的資料重新輸入機器後，他就走出辦公室，讓電腦用牛步的運算速度跑資料。

羅倫茲以為他會得到和上次跑這個程式時一樣的結果，畢竟電腦的編碼是決定論的。可是當他回到辦公室的時候，卻得到完全不一樣的結果！他肯定氣得要命，一開始他以為是硬體出了問題，但最後他追本溯源，發現是他自己輸入的數字不同：原始的數字是〇．五〇六一二七，他卻自行四捨五入到小數點後第三位，輸入了〇．五〇六。因為龐加萊的混沌系統不見天日已經超過半個世紀，所以一點點的差異被視為是不重要的。可是對於這一個有許多變數的複雜系統來說，就不是這麼回事了！羅倫茲又重新發現了混沌理論。

現在我們知道氣候是一個混沌系統，長期的預測是不可行的，因為這個系統裡有太多無法精準測量的變數；而就算你真的能測量，在測量中任何最細微的不精準，都會造成最終成果的極大變化。羅倫茲在一九七二年發表演說，說明極微小的不確定性最終是如何推翻了所有的計算，打敗了長期預測的精準度。這場演說的名稱為「可預測性：在巴西的蝴蝶拍動翅膀，是否會引發德州的龍捲風？」自此產生了**蝴蝶效應**一詞，[11]並讓決定論者發揮了強大的想像力，讓他們如虎添翼。混沌不代表系統的行為是隨機的，它的意思是這是**無法預測**的，因為裡面有太多的變數，太過於複雜以至於無法測量；就算可以測量，理論上這樣的測量也不準確，而最細微的不準確性也會使得最終結果有極大的改變。對決定論者來說，這表示雖然氣象是一個有許多變數的巨大系統，但還是會如此極端地依循決定論的行為，像是蝴蝶拍翅膀這麼細微的事都會造成影響。

氣象是一個不穩定的系統，就和大多數的自然系統一樣，它的存在與熱平衡完全無關。這一類的系統引起了身為物理化學家的普里戈金的注意。普里戈金從小就對於考古學和音樂深深著迷，在大學時他開始對科學感到很有興趣。隨著這些興趣的發展，普里戈金開始質疑牛頓的物理學。在牛頓物理學中，時間是一個可逆的過程，然而在普里戈金早期感興趣的學科裡，時間是只以一個方向前進的，所以這讓他覺得並不合理。於是當氣象的不可逆性挑戰了牛頓的物理學時，便引起了普里戈金的興趣。他把這類的系統稱為「耗散結構」，並在一九七七年以這方面的先驅研究贏得諾貝爾化學獎。耗散結構並不存在於真空，而是存在於熱力學上的開放系統，只會存在於持續和其他系統分享物質與能量的環境。龍捲風和氣旋都是耗散結構，它們的特色是表現出自發的對稱性破壞（突現）以及複雜結構的形成。對稱性破壞是在系統上作用的一些小波動，在越過關鍵點後，決定許多可能結果當中的哪一個會發生。為人所知的例子是位在對稱形山丘頂點的一顆球，任何干擾都會使得它往任一方向滾下去，破壞它的對稱性，並且造成一種特定的結果。我們等一下就會回來看這個複雜系統突現的概念。

所以我們現在知道，氣象預報只有在短期內會是準確的，就算是最厲害的超級電腦做的長期預測，都不會比隨便猜好到哪裡去。那這是不是說，只有笨蛋才會想要預測天氣？雖然天氣一般都是安全的話題，但在某些晚餐的場合可能就不適合拿來閒聊了。如果自然界中有混沌系統，也就是龐加萊提出的掃興理論，因而限制了我們利用決定論的物理法則做出任何程度的準確預測，那麼這會讓物理學家非常困窘。因為這似乎暗示在任何決定論的宇宙模型核心周圍，**要不是**「隨機」這個東西都在一旁虎視眈眈，**就是**我們永遠無法證明決定論的法則可以應用於複雜系統。有些物理學家因為這個事實而抓破了自己的腦袋，認為宇宙行為是決定論的根本就沒有意義。也許在你家這沒什麼大不了的，但想像一下你在一場晚宴中，參加者包括決定論先生本人，理性主義者斯賓諾莎，他說：「世界上根本沒有絕對心智或者自由意志，要做這個還是那個的心智，其實是由一項原因所決定的，而這項原因又是因為其他原因所決定的，這個過程可以無窮無盡地一個一個往回推。」或者也許愛因斯坦也在這場晚宴裡，他說：「我絕對不相信在哲學上的人類自由。每個人的行動不只是受到外在的強迫，還會依照內在的需要而行動。」嗯，再加上幾個物理學家，這場晚宴就會讓人消化不良了。結果愛因斯坦自己的這場決定論大戰，其實是環繞著量子力學的。

直搗蜂窩的量子力學

在混沌理論於幕後慢慢發酵的約五十年間，登上頭條的是量子力學。這段時間裡，大多數的物理學家都將注意力放在微觀的領域：原子、分子、次原子粒子，他們才不在意我的客廳裡或是龐加萊天空裡的那些球，而且他們的發現讓物理學界陷入一團混亂。三個世紀過後，正當所有人都志得意滿地假設牛頓定律適用於整個宇宙時，他們已經發現原子並不遵守所謂的萬有運動定律。如果組成物體的原子不遵守牛頓定律，這又怎麼能成為物體本身的基本定律？如同費曼曾經指出的，例外證明了法則……是錯的。[12]現在是怎麼回事？原子、分子、次原子粒子的行動，和我客廳裡會滾動的球不一樣。事實上，它們根本不是球，而是波！而且是不屬於任何東西的波！粒子是一份打包好的能量，帶有像波的性質。

在量子的世界裡會發生瘋狂的事。舉例來說，光子沒有質量，但是有角動量。量子理論的發展是為了解釋為什麼電子會留在自己的軌道裡，因為牛頓定律或古典電磁學的馬克士威法則都無法解釋這一點。量子理論成功描述了分子裡的粒子和原子，這樣的真知灼見使得電晶體和雷射得以實現。可是哲學問題依舊在量子力學裡徘徊不去。薛丁格方程式以決定論的方式，描述波的功能如何隨著時間改變（而且是可逆的），但無法預測電子在任何一個時間狀態時到底會出現在軌道上的哪一點：那是一種可能性。如果有人真的去測量那個位置，「測量」這個動作就會使得原本未測量時的數值被扭曲。這是因為某些物理性質是兩兩成對的，這樣的相關性使得兩者無法同時被精確得知：你透過測量而愈精確了解其中一項性質，就愈無法準確得知另一項性質。以軌道裡的電子而言，它們成對的性質是位置和動量。如果你測量它的位置，就會改變它的動量，反之亦然。理論物理學家海森堡將這稱為「測不準原理」。而對物理學家和他們的決定論觀點來說，不確定性並不是件令人開心的事，反而迫使他們使用不同的思考方式。五十多年前，丹麥物理學家波耳在一九四八到一九五〇年的吉福德講座裡，還有在他更早的一九三七年的文章中，就已經對決定論懸崖勒馬了。他說：「在原子物理學裡放棄因果關係的理想……是我們不得不面對的事……」[13]而量子物理學創始人之一的德國物理學家海森堡甚至更進一步地說：「我相信自由意志論（不定論）是必須的，而且不只是一貫地可能而已。」[14]

另外一個揮之不去的問題，就是時間與因果關係。當你想到因果關係時，時間和語義就會以兩個大怪獸的模樣出現。當一個人漫不經心地隨意用了**造成**這個字時，會讓人開始無窮盡地回溯問題與答案，就像被一個剛學會「**為什麼？**」這個字的兩歲小孩訪問一樣（而且一定帶著問號）。這種無限回溯的「為什麼」到了最後，就像很多決定論者與化約論者會指出的，你會回歸到原子和次原子粒子。但這也呈現了一個基本問題，就像紐約州立大學賓漢頓分校榮譽教授、系統理論學家巴提所指出的：

> 物理學的微觀方程式具有時間對稱性，因此在概念上是可逆的。這麼一來，粒子物理學的法則就不能在形式上支持因果關係的不可逆概念。如果真的要使用這個概念，就只是對這些法則純粹主觀的語言詮釋……因為這種時間對稱性，用這種可逆的動態描述系統，無法正式地（在語句結構上）產生本質上不可逆的特質，例如測量結果、紀錄、回憶、控制，或是成因……因此，沒有任何因果關係的概念，尤其是由上往下的因果關係，能夠在微觀的物理法則層面提供任何基本的解釋價值。[15]

至於語義的問題，巴提補充：「因果關係的概念，在統計上或決定論的模型裡具有完全不同的意義。」他舉出下面的例子：如果你要問「溫度的成因是什麼？」決定論者會假設，這個成因指的是微觀的事件，說這是因為分子碰撞時交換它們的運動能量所造成的。但是懷疑論的觀察者會抓著頭，指出測量工具只是取得這種交換的平均值，並沒有測量所有分子的初始條件，而那樣的平均值，親愛的先生女士，是一個統計過程。平均值是不能在一個微觀、決定論的模型中觀察的。這是一個蘋果與橘子的問題。巴提對那些競相擁護各自模型的人搖搖手指，他推崇的概念是，這些模型都是必須的，而且是互補的：「我這裡說的互補，指的是波茲曼和波耳那種邏輯不可化約性。換句話說，互補模型在形式上是不相容的，但兩者都是必須的。一個模型無法生出另一個模型，也無法簡化成另一個模型，可能性不能從必然性中誕生，必然性也無法出於可能性，但這兩種概念都是必須的……因此，我們對決定論的成因的概念，不同於我們對統計上成因的概念。決定論和機率各出自世界上兩個在形式上互補的模型，我們也應該不要浪費時間爭論世界本身是決定論的或是隨機的，因為這是一個形而上的問題，根本無法以實證經驗決定。」我很喜歡身為榮譽教授可以叫大家閉嘴的這個權力。

當然，很多決定論者都急忙指出，根據決定論，原因的鎖鍊是一條**事件**的鎖鍊，而不是粒子的鎖鍊，所以永遠不會縮減到原子或是次原子粒子的層級。相反地，這要追溯到大爆炸的時候。用亞里斯多德的話來說，這條鎖鍊是一系列有效的成因，而不是有形的成因。

突現

我沾沾自喜地向女婿指出，這地板根本不會影響球裡的原子。不幸的是，他也博覽群書，而且好學不倦。他指出，牛頓定律只會在原子層級看起來失效，這是物理學家的超級測量儀器不靈光的事情之一。「我們在講的不是原子，而是球。你說的是另外一個組織層級，根本不適用於這裡的情況。」這個聰明鬼提出了「突現」這個話題。突現指的是當複雜系統的微觀層級在完全不平衡（所以隨機事件能夠擴大）的情況下，自我組織（有創意、自我產生、尋求適應性的行為）成新的結構，擁有過去不存在的新特質，繼而在微觀層級形成新組織層級。[16] 關於突現有兩種學派的看法，在**弱突現**當中，元素層面的互動會造成新的特質出現，而突現特質可以化約到其個別的成分；也就是說，你能知道從一層到下一層的步驟，這就是決定論者的觀點。然而在**強突現**裡，新特質是無法化約的，是超過各部分的總和的。因為隨機事件的擴大效果，所以無法使用基礎的基本理論或是透過了解組織的其他層級來預測法則。這就是物理學家碰壁的地方，而他們（以及他們的左腦解譯器）並不是很喜歡這種難以說明的想法，不過很多人還是逐漸接受事情就是這樣。有一件事倒是讓普里戈金很高興：他能夠把「時間之箭」視為一種出現在較高的、巨觀的組織層級的突現特質。在巨觀的層級裡，時間的確很重要，這在生物系統裡就很明顯。突現並不只適用於物理學，而適用在所有有組織的系統裡：城市從一磚一瓦中突現，那麼披頭四狂熱從哪兒突現呢？將一種特質稱為「突現」並不能解釋它，或者說明它是怎麼發生的，而是能夠將它放在一個恰當的層級，對情況才能有更充分的描述。

你可能不知道，不過作者並非完全有權決定作品的書名，最終的決定是從出版社那裡（難以解釋地？）突現的。我本來想把我的上一本書取名為《階段轉換》（*Phase Shift*）。物質的階段轉換，比如說從水變成冰，是一種分子組織的改變，會形成不同的特質。我喜歡用這來類比人類的腦和其他動物的腦之間的差異，就是神經組織的改變造成的新特質。但出版社不喜歡這個書名，他取的名字是《大腦、演化、人》（***Human***）。對大部分的物理學家（顯然還有我女婿）來說，在結構的不同層級會有各種不同的組織是很明顯的。而且各種不同類型的組織，在不同的法則主宰之下，有完全不同類型的互動，其中之一會從另一個當中突現而出。可是這樣的突現並非可預測的，甚至像是水變成冰這麼基本的事也是一樣。物理學家勞克林曾這麼指出：冰到目前為止已經被發現有十一種不同的結晶階段，但沒有一種是基本原理預測到的！[17]

我客廳的球是由原子組成的，它們的行為是由量子力學所描述的。當這些微觀的原子集結在一起，形成一個巨觀的球時，就會突現出新的行為，而這樣的行為就是牛頓觀察到並描述的行為。於是牛頓定律並非基本的，而是突現的；換句話說，它們是在量子物質聚集成巨觀液體與物體時才會發生的情況。這是一種集合的組織現象。總之呢，你不能透過觀察原子的行為來預測牛頓定律，也不能從牛頓定律預測原子的行為。新的特質會突現，那是先前所沒有的。這絕對讓化約論者的努力大受打擊，也讓決定論者受創甚深。如果你記得的話，決定論的推論是，所有事件、行動等等都是預先決定的，如果所有參數都已知，就能事先預測。可是就算知道了原子的參數，他們還是無法預測物體的牛頓定律。到目前為止，他們還無法預測水在不同情況下凍結時，會產生哪一種結晶結構。

部分是因為混沌理論，也許更多是因為量子力學和突現，所以物理學家偷偷地夾著尾巴從決定論的後門溜了出去。一九六一年，費曼在對加州理工學院的新鮮人的演講中，做出著名的宣言：「是的！物理學已經放棄了。**我們不知道怎麼預測在某個情況下會發生什麼事**，而且我們現在相信那是不可能的。唯一能預測的，是不同事件發生的機率。我們必須體認到，這縮減了我們過去認為自己能了解自然的理想。這也許是往後退了一步，但沒有人找到避免的方法……所以目前我們只能將自己限制在計算機率而已。雖然說是『目前』，但我們強烈懷疑可能永遠都會是這樣了，我們不可能解開這個謎團——世間萬物其實就是如此。」[18]

而在突現現象上空盤旋不去的大問題是，這種不可預測性到底是不是事件暫時的狀態。只因為我們還不知道，並不一定代表這是無法得知的，不過還是有這個可能性。愛因斯坦相信，我們認為事情是隨機的，只是因為我們對於一些基礎特質的了解太無知了。而波耳相信，機率的分配是基本的、不可化約的，在某些例子當中，這好像已經得到了解釋。艾德菲大學教授葛斯汀研究的是複雜科學，他指出突現不是問題，問題出在使用的例子根本不是突現的例子。在奇異吸引子*的例子中，「數學定理支持這種特定突現的神聖不可預測性……」，但是如同麥基爾大學的哲學家兼物理學家邦格教授所指出的：「解釋過的突現，依舊是突現。」[19]就算一個層級最終能從另一個層級中衍生而出，「把所有古典的想法都捨棄看來根本是在幻想，因為所有古典的特質，例如形狀、黏性、溫度，都和量子的旋轉或不可分離性等特質一樣真實。簡單來說：量子與古典層級間的差異是客觀的，並非只是描述與分析層級的差異而已。」

不過一回到神經科學的領域，堅定不移的決定論還是王道。堅定的決定論者難以接受其實有不只一個層級，他們難以接受伴隨著更高層級的突現，會有根本性的創新的可能性。為什麼呢？因為有很多證據顯示，大腦會自動化地作用，而我們的意識經驗是事實發生後的經驗。此時讓我們再度回顧大腦存在的目的。這是神經科學家不會想太多的部分，但是大腦是一個決策設備。它會從各種來源收集資訊，隨時做出決定。資訊被收集與計算後，腦做出決定，**然後**你就得到意識經驗的感覺。現在你可以實際去做個小實驗，證明意識是事後經驗。用手指摸你的鼻子，你在鼻子和手指上同時都有感覺，可是將鼻子的感覺傳遞到腦部處理區的神經元長度大約只有七公分，從你的手傳遞訊息到腦的神經元則大約有一公尺長，而神經脈衝的傳遞速度是一樣的，所以兩種感覺到達大腦的時間大約有兩百五十到五百毫秒的時間差，可是你不會意識到這個時間差。從感

＊吸引子是動態系統在演化過程中所趨向的一個集合（由不同的物體組成），有碎形結構的複雜組合就是所謂的奇異吸引子。（摘自維基百科）

官輸入收集資訊，經過計算後，腦接著做出兩者同時互相碰觸的決定。但其實腦並不是同時收到神經脈衝的訊息，而且只有在做出這個決定之後，你才會感覺到意識經驗。意識需要時間，但只會在任務完成後才出現！

意識：無濟於事

早在二十多年前，這種時間差就已經開始反覆被記錄下來。利貝特是加州大學舊金山分校的生理學家，他用一個實驗動搖了一切。他在一次神經手術中刺激一位清醒病人的腦，發現刺激大腦表面代表手部的區域，和病患實際意識到手的感覺之間有時間差。[20]在後來的實驗中，涉及動作起始（按按鈕）的大腦活動，會在動作發生前大約五百毫秒出現，這樣很合理。令人驚訝的是，根據專題報告，和這個動作相關的腦部活動，會在意識到行動企圖的三百毫秒**之前**增加。在我們認為是有意識的決定前，腦中的電荷增加稱做**動作準備電位**，簡單說就是準備電位。[21]

從利貝特的原始實驗開始，就像早期心理學家所預測的那樣，測試方式也愈來愈成熟。透過使用功能性磁振造影，我們現在不再認為腦是一個靜態的系統，而是一個動態的、不斷改變的系統，不斷地在行動。利用這些技術，海恩斯[22]和同僚在二〇〇八年延伸了利貝特的實驗，他們發現在進入意識前十秒，傾向的結果就會先編碼在大腦活動裡了！腦會在人意識到動作之前就行動。不只是這樣，他們還可以用掃描圖預測這個人將會做什麼。這背後的意義相當重大：如果動作是潛意識地、在我們意識到任何行動的欲望之前就開始的，那麼意識在決斷中所扮演的因果角色就脫離了迴圈。有意識的決斷、以為自己是有意願地使得動作發生的想法是一個錯覺，一種幻象。但這是正確的思考方式嗎？我開始覺得不是了。

堅定的決定論者：被因果主張鎖上的囚犯

所以神經科學界堅定的決定論者提出我所謂的「因果連鎖主張」：㈠腦讓心智出現，而腦是一個物理物質上的實體；㈡物質世界是已決定的，所以我們的腦也是已決定的；㈢如果我們的腦是已決定的，而且如果腦是心智之所以存在所必須的、足夠的器官，那麼我們就只能相信出自我們心智的思想也是已決定的；㈣因此，自由意志是一個幻象，我們必須重寫我們認為個人對自己的行動要負責的概念。換句話說，自由意志的概念根本沒有意義。自由意志的概念是在我們知道大腦如何運作前出現的，所以我們現在應該甩掉這個想法。

神經科學家對於第一項主張沒有異議，也就是腦以某種未知的方式讓心智得以出現，而且腦是一個物質實體。不過第二項主張就不夠嚴密，並且受到攻擊：很多物理學家都不再確定實體世界是已決定的、可預測的，因為複雜系統的非線性數學讓人無法準確預測未來的狀態。這麼一來，說我們的思想是已決定的這第三項主張立足點就很不穩了。雖然某些神經科學家認為，我們也許能證明特定的神經放電模式會製造特定的思想，而且是預先已決定的，但沒有人知道神經系統的行動到底是遵守決定論的什麼規則。我認為我們面對的難題，和物理學家在假設牛頓定律適用於全體時需處理的問題相同。定律並非適用於組織內的所有層級，而是會根據你在描述的是組織內的哪一個層級而定，並且當更高層級突現時，適用的新定律也會隨之出現。量子力學是原子的法則，牛頓定律是物體的法則，它們都不能完全預測另外一個層級的情況。所以問題是，我們能不能用我們從神經生理學對於神經元與神經傳導的微觀層級所知，得出一個決定論的模型，用以預測有意識的思想、腦的產出或是心理學呢？問題更大的是遇到三個腦的情況。我們能從一個微觀的故事延伸出一個巨觀的故事嗎？我不這麼認為。

我不認為腦狀態理論學家，那些認為所有心智狀態都和某些未發現的神經狀態一樣的神經化約論者，真的能夠論證這一點。我認為有意識的思想是一種突現特質，不過這並不能解釋它，只是承認它的真實或是抽象程度。就像軟體和硬體互動時的情況一樣，心智是腦的某種獨立特質，但同時又完全依賴腦。我認為由下往上建立一個完整的心智功能模型是不可能的，如果你覺得這是可能的，很巧的是，有一種多刺的甲殼類生物和一位生物學家能讓我們踩足煞車，重新思考這一切是怎麼運作的。

龍蝦問題

神經學家瑪德一直在研究龍蝦內臟的簡單神經系統以及其所造成的蠕動模式。她把整個網絡模式裡的每一個神經元與突觸獨立出來，在神經傳導影響的層級為突觸的動態建立模型。以決定論的角度來說，在了解並列出這些資訊後，她應該能夠把一切拼湊在一起，描述出龍蝦內臟最終的功能。她的實驗室為了這個簡單的小神經系統，模擬了超過兩千萬種可能的突觸強度與神經元特質的網絡組合。[23]透過建立這些組合的所有模型，最後發現當中大約百分之一到二的模型能帶來適當的動態，創造出自然界中觀察到的蠕動模式。就算這個比率這麼小，還是代表了有十萬到二十萬種不同的調整組合，能在任何時刻造成一模一樣的行為（這還只是由幾個部位組合而成的非常簡單的系統而已）！多重可實現性這個哲學概念，認為有很多種方法能執行產生一種行為的系統，而這個想法就在神經系統裡好好地存在著。

既然能夠帶來相同行為的網絡配置極具多樣性，不禁讓人懷疑我們到底有沒有可能利用分析單一單元，以及非常分子式的方法，真正了解產生一種行為究竟是怎麼回事。這對神經科學家當中的化約論者來說，是一個很深遠的問題，因為這顯示分析神經迴路也許能知道事情「可以」如何運作，卻不能知道「實際」上是如何運作。表面上來說，這似乎顯示了要對特定行為做出明確的神經科學說明有多麼地困難。她的研究幾乎變成支持突現概念的證據，也就是研究神經元不會讓我們得到正確層級的解釋，因為有太多不同的狀態可以導致一個結果。那麼神經科學家該因此而感到絕望嗎？

多利不這麼覺得，而且認為這種討論根本不值得一提。他指出，當我們在考慮任何東西的多重成分時，只會因為迴路的成分與參數的數量愈來愈多，而有超過指數成長的可能迴路大量出現；功能性迴路的增加雖然比較少，但還是會以指數大量成長。然而重要的是，功能性迴路組是整個迴路組裡呈指數消失的片段。所以就算可能的組合數量非常多，實際上的功能性組合數量也只占了整個巨大數字裡的小小百分比。

而這正是瑪德和她的同僚所發現的。這樣的關係不只適用在龍蝦，還出現在很多東西上。例如多利所說的，「英文的字彙量非常大，大約有超過十的五次方那麼多，但是假設以**組織的**（organized）這個字為例……裡面有九個不同的字母，而九個字母的排列組合方式有三十六萬兩千八百八十種。可是在這些組合中，只有一個是有功能性的英文字。所以其他一長串字母的隨機排列都會消失，因為它們不可能成為一個真正的字（像 roaginezd 就不是一個字），可是字彙的數量還是非常多。」就像多利所指出的，這個發現是一個好東西，因為它符合大腦是層級式系統的想法。層級式的系統好處多多。這讓人開始認真考慮所謂「強壯」的概念：在層級式的大腦中，下方的層級為上方的突現層創造出很強健但又有彈性的平台。

瑪德的研究為神經科學家揭露了這個問題。現在的工作是要更進一步了解大腦的這些層級如何互動，究竟該如何來思考這件事，以及發展出關於這些互相依存的互動的概念與字彙。從這個觀點出發，也許不只能揭開「突現」等概念的神祕面紗，還能深刻地理解這些層級究竟怎麼互相溝通。

就算我們假設前面的第三項主張是真的，也就是來自於心智的思想是已決定的，那麼我們接著面對的就是第四項主張：自由意志是虛幻的。先不說「相容論」的漫長歷史（也就是人或多或少一直武斷地認為，在決定論的宇宙裡能自由選擇），談論自由意志到底有什麼意義呢？「這個嘛，我們想要能夠自由地自己做決定。」對，但是我們到底想脫離什麼東西以得到自由？我們不想脫離我們的生命經驗以得到自由，因為我們需要這部分來做決定。我也不想脫離我們的性格以得到自由，因為那也會引導我們的決定。我們真的不想脫離因果關係以得到自由，因為我們會用這個來做預測。奮力接球的守門員並不想在自己躲避對手擒抱時，脫離身體為了維持速度與方向所做的自動化調整以得到自由。我們不想脫離我們成功演化出的決策設備以得到自由。那我們到底想脫離什麼東西以得到自由？你可以想像，這個題目引起了不少注意。不過我想從不同的角度來談談這個系統。

如果你只研究神經元，你絕對無法預測探戈舞步

針對「心智與身體到底是一個實體或是兩個？」這個問題，哲學家以及幾乎其他所有人確實已經爭論了數千年之久。稱為**二元論**的這一派認為，人類不只是一個身體，還有一個本質、精神或心智，總之就是讓你之所以為「你」，我之所以為「我」的那東西。笛卡兒的二元論立場可能是最為人所知的。我們在實體的自己之外還有一個本質，這樣的想法很容易讓我們接受，以至於我們覺得如果你只用生理上的敘述去描述一個人會很奇怪。我有一個朋友最近認識了退休的最高法院大法官娥康諾，她不描述她的身高、髮色或年齡，而是說：「她精神奕奕，而且非常犀利。」她描述的是她的心智本質。儘管決定論在腦科學界取代了二元論，但它並無法解釋行為以及我們對個人責任與自由的感覺。

我認為我們神經科學家現在是從錯誤的組織層級在看這些能力。我們從個別的腦的層級來看這些能力，但它們其實是在很多大腦的團體互動中才會看到的突現特質。著名的物理哲學家邦格特別指出了我們神經科學家應該注意的東西：「我們一定要把我們所關注的東西放在它的情境當中，而非把它當作單獨的個體。」雖然這樣的想法是物理學家很難接受的，但很多人還是咬牙接受了，而這所代表的是，發生的事是不能以由下往上的方式來了解的。物理科學的化約論已經受到突現原則的挑戰，整個系統在質的方面會得到新的特質，這是無法簡單地把個別成分加總起

來就預測出來的。也許可以用「一加一大於二」的老話來解釋，新系統會比各部分加總後還要龐大。這是階段轉換，也就是組織構造的改變，從一個規模到下一個規模。為什麼我們會相信自由和個人責任這種感覺呢？「我們之所以會相信這些感覺，就像相信大多數突現的東西一樣，是因為我們觀察到了它們。」雖然物理學家勞克林評論的是水變成冰的這種階段轉移，但他可能也講到了我們對責任感與自由的感覺。

獲得諾貝爾獎的物理學家安德森曾在一九七二年的研討會論文《多就是不一樣》中談到突現現象，他反覆提到我們無法從微觀故事中得到巨觀故事的說法：「這種思維方式的主要謬誤在於，化約論者的假設根本不是『建構論者』的假設。將萬物化約成簡單的基本法則的能力，並不代表從這些法則出發、重新建構宇宙的能力。事實上，基本粒子物理學家告訴我們愈多基本法則的本質，就愈顯得這些法則和科學剩下的真正問題之間的相關性薄弱，和社會問題的相關性更低。」[24]他接著對生物學家搖搖手指，而且也一定對我們神經科學家做了一樣的動作：「粒子物理學家的傲慢，以及他的密集研究也許就在我們身後（正子的發現者說，「剩下的是化學家的事了」），但我們還是要重新探究分子生物學家的研究，這些人彷彿下定決心要化約人類有機體裡的所有一切，直到『只』剩下化學為止——從一般的感冒到所有的心智疾病到宗教性的本能都包括在內。當然人類的動物行為學與DNA之間的組織層級，多過於DNA與量子電動力學之間的組織層級，而且每一個層級都需要一種新的概念性結構。」

諾貝爾物理學獎得主勞克林在一九九八年的名著《不同的宇宙》中，說到了解突現的開端：「我們看的是世界觀的轉變，不再透過將本質分解成更小的部分來客觀了解，取而代之的，是客觀了解本質如何組成其本身。」

物理學家已經知道，對於微觀要素有完整的理論上的了解，並不代表有一套新的一般性理論可以解釋這些要素擺在一起後，形成有意義的大分子結構的情況，也不能解釋這些過程是如何運作成目前的樣子。本質是一切的源頭，這是沒有異議的，可是我們能不能用理論解釋、預測或是了解這個過程？費曼認為這個可能性是非常低的，而安德森和勞克林相信這是不可能的。由下往上的因果建構主義者以為了解神經系統能讓我們了解剩下的一切，但這種觀點其實並不是思考問題的方式。

突現是普遍的現象，在物理學、生物學、化學、社會學，甚至藝術界都被接納。當一個物理系統沒有表現出主宰它的法則的所有對稱性時，我們就說這些對稱性自發地破缺了。「突現」這個對稱性破缺的概念很簡單：物質會一起並自發地得到一種特質或是偏好，而這種特質或偏好原本是不存在於它們本身的基礎法則中，生物學上的經典例子就是某種品種的螞蟻和白蟻蓋的巨大塔狀結構。這些結構只會在螞蟻的聚落達到某個規模後（多就是不一樣）出現，而且永遠無法透過研究在小聚落裡的單一昆蟲而預測到這些結構。

然而很多神經科學家都強烈地抗拒突現，他們嚴肅地坐在角落，不停地搖頭。他們一直因為自己終於把小矮人趕出腦袋的成就而感到歡欣鼓舞，他們也擊敗了二元論，大腦機器裡所有的鬼魂都被他們趕跑了，而他們鐵定不會讓任何東西回去。他們害怕如果把突現放進這個方程式裡，可能暗示除了腦之外，還有其他東西在作用；這麼一來，那些鬼魂又會回到大腦這個決定論機器裡。他們不要突現，謝謝再聯絡！我覺得神經科學家這種看問題的方法是不對的。突現不是一個神祕的鬼魂，而是從組織的一個階層進展到另一個階層。如果你一個人孤孤單單地在公認的荒島上，或者也可以用你一個人在下雨的周日下午孤單在家來舉例，你當時的行為準則會和你在老闆家的派對上的行為準則不同。

了解突現的關鍵在於了解組織有不同的層級。我最喜歡的比喻是車子，這我前面就提過了。只看一個單獨的汽車零件，比方說凸輪軸，是無法預測高速公路在周一到周五下午五點十五分塞滿車子的時候會是什麼樣子的。事實上，如果你只看煞車踏板，你根本無法預測會發生什麼樣的交通現象。你無法從汽車零件的層級去分析交通。那個發明輪胎的人有沒有想像過周五晚上，加州四〇五號公路上的車陣呢？你甚至無法從汽車的層級去分析交通。只有當一堆車子和駕駛在一起，再加上各種地點、時間、天氣、社會等要素混在一起，你才能從**這樣的**層級去預測交通。突現的新法則是無法單從零件預測的。

大腦也是這樣。腦是遵循決策通道的自動化機器，但是分析單獨的、單一的腦，無法說明關於責任的能力。責任是生命的一個面向，來自於社會交換，而社會交換需要超過一個的腦。當超過一個的腦開始互動，就會開始突現新的、無法預測的事，建立起新的一套法則。這套新法則得到的特質之中，有兩項是過去沒有出現過的，分別是責任與自由，但腦袋裡找不到這兩樣東西。就像英國重要哲學家洛克所說的：「真實的意志，只是表明了一種能有所偏好或選擇的權力，或是心智能力。而當意志僅僅被視為一種執行任務的生理機能時，就談不上什麼自由或不自由了。」[25]可是在腦與腦之間、人與人之間的互動當中，還是可以看見責任與自由。

如何惹惱一位神經科學家

現代神經科學家很樂於接受人類行為是由機率所決定的系統的產物，而這個系統是由經驗所引導的。可是，經驗要怎麼引導？如果腦是一個決策設備，而且會替那些決定收集資訊，那麼因某種經驗或者某些社交互動所造成的心智狀態，能不能影響或限制未來的心智狀態？如果我們都是法國人——除非你是神經科學家，或者也許是哲學家——我們會惱怒得噘起上唇，吐一口氣，聳肩說：「可是當然是這樣啊。」這種說法代表了由上往下的因果關係，而向一群神經科學家提出由上往下的因果關係是一種挑釁。如果你邀請一群神經科學家到家裡來，在晚餐時提起這個話題，你就是自討苦吃。我們最好邀請物理學家邦格，他會告訴我們「應該用由上往下的分析來補充所有由下往上的分析，因為整體會限制當中的各部分：只要想想看一個金屬結構裡的零件的張力，或者是社會系統裡的成員壓力就知道了，這些都是由它們與相同系統中其他成分的互動所造成的。」

如果我們邀請我們的系統控制專家巴提來家裡，他會很高興地告訴我們，雖然因果關係在物理法則的層級上沒有任何解釋價值，但它當然能在組織的較高層級上發揮解釋的功能。比方說，知道缺鐵會造成貧血是很有幫助的。巴提認為因果關係的日常意義是有實用性的，會用在可控制的事件上。控制體內的含鐵量可以治療貧血。我們不能改變物理法則，但我們能改變鐵質含量。當另外一輛車的車尾撞到山腳時，我們會說這場意外是煞車失靈造成的，這是我們可以歸咎並控制的事。可是我們不能責怪物理法則或是所有不受我們控制的機率情況（其實有另外一輛車因為紅燈而停在山腳下，或是所有使得那個駕駛會在那裡的原因，還有交通號誌的時間等等）。巴提認為這種指出單一可控制的原因的傾向，「就本身而言可能避免了意外發生，但維持了所有其他預期中的後果」，而不是讓複雜系統的結果成為「上往下的因果關係之所以有問題的一個原因。換句話說，我們認為成因是最簡單、最接近的控制結構，否則它就會變成無止盡的鎖鍊，或是同時發生的、分散式的成因網絡。」也就是說，由上往下的因果關係是混沌的、不可預測的。

巴提問，什麼時候要考慮控制呢？不是在微觀的層級，因為就定義而言，物理法則只會描述那些不會因觀察者不同而不同的事件之間的關係。當家長嚴厲地問：「為什麼你考試作弊？」他們得到的答案是：「那只是遵循物理法則的原子而已。」原子是造成所有事件的共同原因，但那個小孩卻會被貼上耍小聰明的標籤，受到適當的處罰，而且家長本人可能還是最奉行化約論的人。小孩的解釋必須要往上拉幾個行為層級，到達可以發揮控制效果的地步。控制代表了某種形式的限制。因為你知道果凍甜甜圈對健康不好，所以你不吃，這是控制；知道考試作弊被抓到時會有麻煩，所以不作弊，這是控制。控制是一種突現特質。

在神經科學裡，當你說到由上往下的因果關係時，你指的是一種影響生理狀態的心智狀態。你認為在巨觀的甲層級的思想，會影響在微觀的乙生理層級的神經元。第一個問題是，我們怎麼從神經元的層級（微觀的乙層級）進入突現的思想（巨觀的甲層級）？聖塔菲研究中心的理論生物學家克拉庫爾強調，「對於任何層級的分析而言，最難掌握的就是要從下面找到包含所有資訊的有效變數，這是產生所有我們關心的上述行為所必須的。這樣的科學和藝術沒有兩樣。現在，『由下往上的因果關係』（從微觀的乙層級：神經元，到巨觀的甲層級：思想）既棘手又不可思議。『由上往下的因果關係』指的是巨觀甲層級造成微觀乙層級，此時甲是以比較高層級的有效變數與動態來表現，而乙是以微觀的動態來表現。物理上而言，所有的互動都是微觀的（乙對乙），但並非所有微觀程度的自由都是重要的。」[26]也就是說，甲可以產生乙，但甲還是由乙所組成的。

舉例來說，克拉庫爾指出，當我們為電腦規畫程式，或是像巴提所謂的控制電腦時，「我們和一個執行計算工作的複雜物理系統互動，我們不是在微觀的乙層級，也就是『電子』這個層級做規畫，而是在比較高的有效理論，也就是巨觀的甲層級做規畫（例如用人工智慧領域廣泛使用的 Lisp 程式語言），接著往下匯集成微觀的物理學，而不會喪失任何資訊。所以甲造成了乙。當然甲在物理上是由乙所組成的，而所有的匯集步驟都只是乙和乙之間的物理學。可是從我們的觀點來看，我們可以把甲的處理過程，看做是某種乙的集體行為。」

如果我們回到我家客廳，聚集在一起的原子可以產生一顆滾過地板的球，但是那顆球依舊是由原子所組成的。我們在球這個比較高的組織層級，也就是巨觀的甲層級，看到微觀的乙層級的原子的集合行為，我們將之視為這顆球遵守牛頓定律的行為，但是球的核心這些原子只是在盡它們自己的本分，而且遵循的是一套不同的法則。在腦科學中，我們用憤怒、語調、觀點這些概念來描述巨觀的甲的狀態，這些是我們心目中取代微觀乙狀態的各種未經雕琢的甲狀態。克拉庫爾繼續說：「我們在甲層級一切良好，是因為我們內省的意識有限。對內，有東西在抵達意識之前就先做了匯集，所以也許可以把甲或是彙整者想成一種思想的語言。我們並非與微觀的乙層級機器分離，但我們是從恰當的甲層級理解自己。

「比較深層的一點是，沒有這些較高的層級，就不可能有溝通，因為我們得在語言中明確指出每一個我們想移動的粒子，而不是有一個心智彙整者來做這件事。」突現絕對必須出現，才能控制這種在另一個層級進行的擁擠、喧鬧的系統。整體的概念是，我們有各式各樣階級式的突現系統，從粒子物理學的層級爆發，到原子物理學、化學、生物化學、細胞生物學、生理學，最後突現到心智處理過程當中。

互補是對的，由上往下的因果關係是錯的

一旦一個心智狀態存在，就會有由上往下的因果關係嗎？一個想法能限制製造出它的那個頭腦嗎？整體會限制它的各部分嗎？這個問題價值連城。有一個經典的謎題是這樣的：有一個生理狀態P1，在某個時間點T1的時候，產生出一個心智狀態M1。在一段時間後，來到T2這個時間點，又有另外一個生理狀態P2，產生了另外一個心智狀態M2。我們是怎麼從M1到M2的？這就是謎題了。我們知道心智狀態是從頭腦的處理過程中產生的，所以M1不會在不涉及頭腦的情況下直接產生M2。如果我們只是從P1到P2，然後到M2，那麼我們的心智生命就什麼都沒做，而且我們只是隨波逐流而已。沒有人真的喜歡這個觀念。困難的問題是，M1是不是在某個由上往下的限制過程中，引導了P2，繼而影響了M2？

我們也許能從遺傳學家那裡得到一些幫助來解決這問題。他們以前認為基因複製是簡單、由下往上的因果系統：基因就像是組成染色體的串珠上的珠子，會複製並製造和本身一模一樣的複製品。現在他們知道基因不是那麼簡單，而是有多樣的事件在發生。我們的系統控制先生巴提，發現了一個由下往上和由上往下因果關係的好例子，也就是從描述到構造的基因型—表現型圖

譜，這「需要基因來描述形成酵素的各部分，而這樣的描述反之又需要酵素來解讀……以最簡單的邏輯形式來說，由符號（密碼子）代表的各部分，有部分控制了整體的構造（酵素），但整體又有部分控制了各部分的辨識（轉譯）以及構造本身（蛋白質合成）。」而且巴提又一次地搖了搖手指，反對堅持由下往上或是由上往下何者較優越的爭執，它們是互補的。

就是這樣的分析讓我了解到，當我們面對利貝特所提出的事實，也就是頭腦會在我們意識到這件事之前就先做這件事時，我們很容易落入推論陷阱。因為時間之箭都往某個方向移動，加上所有事都是由之前的事所造成的觀念，使得我們無法掌握「互補性」這個概念。如果頭腦活動在我們意識到了某事之前就發生了，又有什麼不一樣呢？意識是在它自己的時間刻度上的抽象過程，而那個時間刻度對它來說就是「當下」。因此，利貝特的想法並不正確。行動並不在那裡，就像軟體行動的位置不是電晶體一樣。

設定行動的路線是自動化的、決定論的、模組化的，而且驅動力不是任一時間的單一物理系統，而是數以百計、數以千計，可能是數以百萬計的系統。行動所採取的方向對我們來說就像是一種選擇，但事實上，這是由複雜互動的周遭環境挑選特定突現心智狀態的結果。[27]行動是由來自裡外的互補元素所組成的。這台機器（腦）就是這樣運作的。因此，由上往下的因果關係也許混淆了我們的理解。就像多利說的：「成因在哪裡？」實際的情況是一場競賽，參賽者分別是長久存在的多重心智狀態，以及讓心智狀態發揮作用的互相碰撞的情境力量。我們的解譯器於是宣稱我們是自由做出選擇的。

事情變得愈來愈複雜了。我們接著必須考慮社會情境以及個體行動面對的社交限制，而在團體層級還有其他名堂。

第五章 社交心智

如果你抱起一個嬰孩，對她吐舌頭，到了最後她也會對你吐舌頭，彷彿你們兩人正在進行不錯的小小社交互動。她的行為不是學習而來的，她彷彿是自動地模仿你的動作，因此看起來像是和你有社交互動。你可能不覺得這是高等級的溝通，但也許這其實就是。這件事發生時，寶寶已經看著你一段時間，認出你是可以模仿的對象（也就是說你是一個活的物體，而不是一盞燈），看見你的舌頭，體認到她自己也有舌頭，從她自己能控制的肌肉當中，找出哪一條肌肉是舌頭，然後跟著伸出舌頭！她只是個寶寶啊！她怎麼知道舌頭是舌頭？或者她真的知道這是舌頭嗎？她怎麼知道如何使用負責舌頭的神經系統，並且讓它移動？為什麼她要花精神這麼做？

寶寶透過模仿開始進入社交世界。他們知道自己就像其他人一樣，而且會模仿人類，而非物體的行動。[1]這是因為人腦有負責辨識生物動作以及非生物物體動作的特定神經迴路，還有特定的迴路可以辨識臉孔和臉部運動。[2]在寶寶能坐起來、控制她的頭、開始說話之前，她沒什麼能力讓自己進入社交世界，和他人形成連結，但是她能模仿。當你抱著一個寶寶，在社交世界裡連結你們兩個的就是模仿的動作。她不會像一團鉛塊那樣躺在一邊，而是會用你能與她產生連結的方式回應你。

在上一章裡，我最後提到責任感來自社交互動，而且心智會限制大腦。我們現在要看的是我們如何讓社交動態與個人選擇結合，如何藉由了解他人的企圖、情緒、目標讓自己生存，並了解社交過程如何限制個人心智。對美國人來說，想到個體會受到社交過程的限制就覺得挺討厭的，畢竟我們這個國家非常重視粗獷的個體性，曾告訴整個世代的人要依照自己的想法行動，口號是：「**開拓西部，年輕人，開拓西部！**」還將獨行俠般的牛仔視為偶像。當有人告訴亨利・福特：「福特先生，有一個叫做林白的人駕駛飛機飛越了大西洋。」他回答：「這不算什麼，等一整個委員會的人飛越過大西洋後再跟我報告。」我們的個人主義思維，深深影響了我們在研究人類和大腦功能時的方式還有關注焦點。因此我們很了解個人心理學，但我們現在才開始要了解社交互動對神經科學的影響。

標準配備：天生就是要社交

其實我們天生就準備好進行社交互動了。很多社交能力都是在寶寶工廠裡就裝配好的。這種與生俱來的能力，好處當然是它們不需要經過學習，會即刻發揮作用，這和所有需要學習的生存技巧是相反的。普瑞馬克和他的妹妹安，對直覺社交技巧的研究讓一切如滾雪球般展開（或者說是三角形般地展開）。他們一開始是想知道幼兒是否有任何社交概念，因為在一九四〇年代早期，研究者就已經知道人看到幾何形狀以有企圖或目的導向的行為方式移動（以動物會移動的方式移動）的影片時，會賦予這些幾何圖形欲望與企圖，[3]而普瑞馬克兄妹證明，就算是十到十四個月大的嬰孩，看到物體似乎表現出自主性並且朝目標行動時，也會自動化地解譯為該物體具有目的；更重要的是，他們會賦予有個別企圖的物體正面或負面的價值。[4]後來海琳、薇恩、布魯姆延伸了這個研究，顯示就算是六到十個月大的嬰孩，也會依照他人的社交行為來評斷他們。這些嬰孩看了一段影片，裡面有一個有眼睛的三角形試圖攀登上一座山丘，而有一個圓圈會幫助它，一個四方形會阻止它。看完影片後，這些嬰孩可以選擇托盤上的圓形或方形，而他們都選了「助人的」圓圈。[5]這種評價他人的能力對於在社交世界中活動極為關鍵。看來就算是不會說話的嬰孩都知道誰會幫助他人、誰不會，這對還需要他人幫助很多年才能存活的小孩來說，是一種顯著的優勢。

瓦納肯和湯馬斯洛在小孩身上尋找他們幫助他人行為的早期跡象，他們相信，就算只是十四個月大的寶寶都會利他，幫助他人。就算沒有得到鼓勵或讚賞，他們也會把其他人不小心掉下來的東西撿起來，交還給他們。[6]甚至有時候在他們必須停下自己玩得很開心的活動時，他們也還是會這樣做。[7]當然這不只牽涉到了解其他人有目標，還有這些目標是什麼，也牽涉到對非親屬的利他行為，這是一種演化上少見的行為，也許在我們的黑猩猩親戚身上就有基礎，並且已經在十四個月大的寶寶身上表現出來。[8]「助人」看起來是自然發生的，不像是專門學習而來的行為。湯馬斯洛實驗室的另一項實驗發現，十二個月大的小孩會不加思索地提供資訊給其他人，但是黑猩猩不會；如果寶寶知道有人在找的物體在哪裡，他們就會指出它的位置。[9]很有意思的是，這種人類看起來像是天生的利他行為，其實會受到社交經驗與文化傳遞的影響。[10]三歲的小朋友會開始抑制他們某些自然的利他行為，會開始挑選自己要幫助誰，會與過去曾和他們分享資訊的人分享較多的資訊。[11]黑猩猩也是一樣，[12]牠們至少會表現出互惠利他行為中的某些特色。社交規範與法則也會開始影響學齡前兒童的利他行為。[13]

社交行為的起源：數量上的安全

這種社交行為是怎麼演化的？我把人類社交過程的演化分成兩個階段。演化心理學家不斷提醒我們要記得，在我們祖先生活的環境裡，人口分布是很稀疏的。就算到了西元前一萬年，北美洲最後一次冰河期的冰川冰已經開始縮減的時候，人類的數量還是很少，彼此間的距離也很遙遠。隨著早期人科動物開始形成小團體，保護自己不受獵食動物攻擊，互相幫助狩獵，就演化出了社交適應性。就人類大部分的歷史而言，食物的來源是非常分散的，而這些小團體都是游牧性質。人口分布到了很近期才開始變得稠密，這是隨著農業發展、生活形態改為定居而開始的。事實上，一九五〇年代的人口數量大約相當於之前整段人類歷史的人口數量總和。

隨著人口密度增加，就進入了下一個階段：讓自己在人口增加的社交世界有行動方向，並能加以管理的適應性改變。現在世界上約有六十七億的人口，超過一九五〇年代人口的兩倍。很驚人的是，我們身為一個物種卻愈來愈不暴力，反而相處得還滿好的，這和你在晚間新聞裡聽到的剛好相反。那些製造問題的傢伙雖然仍是個大問題，但其實還不算多，大約占了總人口的百分之五。身為一個物種，我們不喜歡殺戮、欺騙、偷竊以及凌虐。這樣的事實使得我們去思考我們的社交互動，思考我們的心智生活如何與他人互依互存。我們怎麼辨識出他人的情緒狀態並加以了解？我們又怎麼產生我們遵循的道德與社交規範？這些規範是學到的、天生的，或者兩者皆是？是哪些能力為我們在日常生活面對的社交互動指引方向，這些能力又是怎麼出現的呢？我們是理性的生物，根據一套個人規範而活著，抑或是團體動力會挾持我們？人單獨處於一個情況下時，舉止會和他在團體中一樣嗎？

一個巴掌拍不響

神經科學和心理學慢慢才發現我們不能只看一個腦的行為。在普林斯頓大學研究獼猴和人類發聲的葛善法指出，不只腦的各部位間有動態關係，腦和它們關注的其他動物之間也有一種動態關係。一隻猴子的發聲會調節其他猴子腦袋裡的處理過程，人類也是一樣。普林斯頓大學的哈森用功能性磁振造影測量了兩位交談中的受試者腦部活動，發現聽者的腦部活動會反映說話者的腦部活動，腦的某些部位甚至會出現預測性的提前反應。出現這樣的提前反應時，就會出現更深刻的理解。[14] 一個人的行為會影響其他人的行為。重點是我們現在知道，如果我們想了解比較完整的、所有會發揮效果的影響力，就必須看整體，而不是單獨的一個腦。

這是靈長類動物學家在許多年前領悟的一個概念。一九六六年，喬莉在一篇狐猴社會行為的論文中提出這個結論：「因此似乎很有可能的是，靈長類的社會基礎先於靈長類的智慧成長，使得智慧變得可能，並決定其本質。」[15] 整個推理過程有點像是下面這樣，我在我的作品《大腦、演化、人》裡提過。

大腦和競爭，或者狂歡學校的起源

關於是什麼力量毫不留情地讓大腦不斷擴大，一直有很多理論。透過天擇與性擇的過程，愈來愈多人能夠接受有兩個關鍵點在發揮作用：首先是高卡路里的飲食（這樣才能符合因為形體變大，代謝成本也愈來愈高的腦的需求），以及生活在較大團體中的挑戰（那是一個「社交世界」，讓我們得以抵禦掠食者的侵襲，並且狩獵與採集食物）。進入社交團體本身就造成了一些問題，像是要與其他人競爭有限的食物資源，或是爭取有保護能力的同伴等。喬莉以及其後由蘇格蘭聖安祖大學的伯恩與懷特恩帶領的許多專家之觀察結果，提出了後來所謂的「社交腦」假設，他們認為靈長類比其他非靈長類有更複雜的社交技巧。居住在彼此關係複雜的社交團體中，比面對物理世界更有挑戰性（大家都知道，在店後面修理烤麵包機比在店面做客服輕鬆多了），而生存在愈來愈大的社交團體中帶來的認知挑戰，選擇了讓頭腦的尺寸與功能增加。[16]

大部分的猴子和人猿都活在長期的團體中，因此熟悉的同物種就是取得資源的主要競爭對手。這種情況對於那些會玩弄計謀，以抵銷競爭成本的個體來說比較有利，而有技巧地使用計謀則需要廣泛的社交知識。因為競爭優勢的運作是與團體中他人的能力相關，所以出現針對愈來愈強的社交能力的「軍備競賽」，最終透過腦部組織的高新陳代謝成本達成了一種平衡。[17]

為了要在社交團體中成功，人需要的不只是競爭，也必須合作，否則像是聯合狩獵這種活動就無法成功。為了處理這個問題，發展與比較心理學家莫爾與湯馬斯洛提出了維高斯基派的智慧假說，這是以二十世紀早期的俄國心理學家為名的一派理論。*他們認為，雖然認知一般而言主要是由社交競爭所驅使的，但是他們所謂人類特有的其他認知層面（關於共同目標、聯合注意力、聯合議題，以及合作溝通的認知技巧）都是由社會合作所驅使或組成的，這些都是創造複雜

*維高斯基研究兒童與父母及他人的社交互動如何引導兒童的發展與學習：兒童會從中學習心智的文化習慣、語言模式、書寫文字、符號。

技術、文化組織與符號系統所必須的，而且不是社交競爭所導致的。[18]

團體愈大，腦袋就愈大

牛津大學人類學家鄧巴的研究，支持了某種社交成分推動了腦部演化擴張的論點。他發現，每一種靈長類物種都傾向維持一種典型的社會團體規模，靈長類與人猿的腦部尺寸與社會團體規模有相關性，新皮質愈大，社會團體就愈大；而以同樣的團體規模來說，人猿需要的新皮質比其他靈長類大。[19]黑猩猩的社會團體規模大約是五十五名個體，而鄧巴從人類的頭腦尺寸預測，典型的人類社會團體規模大約是一百五十名個體。[20]接著他研究實際的人類社會團體，結果發現從史前時代到現在，人類社會團體的規模都維持著差不多的大小：這個數字不只是古老的狩獵與採集社會裡，一年一度傳統祭典中相關團體的人數，也是現代狩獵與採集社會的規模，還是現代人通訊錄上寄送聖誕卡的名單數字。[21]現代的社交網站看起來也差不多。鄧巴的持續研究已經發現，就算一個人有好幾百位「朋友」，真正會互動的人數還是有限。「很有意思的是，你可以有一千五百個朋友，但當你真正看看網站上的流量，你會發現大家還是維持著我們在真實世界裡觀察到的大約一百五十人的親近社交圈。」[22]

研究顯示，一百五十到兩百人是人類不需要組織性階級就能控制的人數。[23]這是人能持續聯絡、維持穩定社交關係，並且願意提供幫助的人數。可是為什麼我們的社交圈規模有限？為了有社交關係，你需要五種認知能力：㈠你必須能詮釋視覺資訊以辨識他人；㈡要能夠記憶臉孔；㈢要記得誰和誰有關係；㈣你必須處理情緒資訊；㈤掌握一組人際關係的資訊。鄧巴發現，掌握一組關係的能力是使得團體規模受限的原因。其他的處理過程並不是能力取向，處理關於社交關係的資訊需要額外的能力，也需要特定的特化作用，但其他的認知並不需要。

失去流浪的渴望

既然有許多力量在驅動演化，那麼人就要小心避免將注意力過於集中在某一個部分。多年前，我有幸參與了一個小型研究團體，由費斯汀格組織，成員包括普瑞馬克和社會心理學家薛克特。費斯汀格想知道，到底能用什麼說明我們這個物種與其他動物之間的巨大差異。他指出，社會行為了引發這麼多改變，而其中一項可能的後果，就是讓人變得穩定，放棄游牧的生活方式。在西元前一萬零五百年到八千五百年之間，過去幾千年來累積的很多事湊在一起，使得生活方式出現重大改變。當時最後一次冰河期結束，人類可以控制火，狩獵的方式更有效，狗被人類馴養（這是社交世界真正的開始，現在人類有最好的朋友了！），魚類的消耗量也變得更大，人類對於可儲藏的穀類也更依賴。費斯汀格的結論是，定居就是基本的改變，使得人類的演化路線出現不可逆的轉變。定居的生活方式使人類的繁殖更成功（因為流產的情況減少，孩子出生的間隔縮短），團體規模很快地增加到大約一百五十人。雖然正常來說，環境與天然資源會減緩由繁殖的內在驅動力導致的人口增加，但對人類來說卻不是這樣。因為人類在演化的過程中，早晚總會為問題找到或發明各種解決方法，並且相當程度地改變他們的環境。所以隨著定居團體的形成，他們的人口數量也跟著增加。大約在西元前七千年，有人想出了個偉大的主意，於是農業出現了。緊接而來的是從西元前六千年到四千五百年間愈來愈多的專門化發展，使得社群內的互依性更為緊密，地位與權力的差異也變得更可能。同時發展出的還有控制與組織這些人類社群的自然與宗教技術、社會規範、說閒話，以及道德立場。

你不能把他們都留在農場上……

重點是，除了我們的自動化處理過程之外，整個生活環境也在改變，我們的行為與思想受到影響，可能甚至連我們的基因體也是。在發展出定居式的生活方式之前，原始的社交行為大致上已經很完整了。然而就是因為這種穩定的生活以及隨之發展的文明，提供了複雜社交行為崛起的背景，讓社交腦的活動更加旺盛。我們進入了我所謂的第二個階段，和興起的文明一起出現的「共同演化」，這種演化到現在依舊形塑著人腦中的社交成分。

共同演化？

怎麼會有這種「共同演化」出現？本質上而言，天擇是由上往下的一種因果關係，帶有一種對被動選擇者的反饋機制。不論生存下來的是什麼，環境的因果關係都是往下的，而且不論理由為何，環境的影響也都會生存下來。生存者就是反饋，他們反饋的方式就是在環境中繁殖，使下一代可以反過來對環境採取行動。如果生存者現在稍微改變了環境，那麼這個稍微改變了的環境做出的選擇可能也會稍微改變。而在社交過程方面可能也沒什麼兩樣：社交環境只是整體環境中的另外一個因子，環境會以往下的因果關係做出選擇，並且有一個反饋機制在發揮作用。

如我之前所提過的，基因上固定的特徵總是優於必須學習而來的特徵，因為學習不一定會發生。學習需要時間、精力、機會，而這些條件不一定存在。對於嬰兒和成人來說，內建的自動化反應提供他們生存優勢，但是隨著一個人的生命成長，面對改變時的彈性也會為他帶來優勢。物理環境並非穩定不變，地震、火山爆發、冰河時期、乾旱、饑荒等等都會發生。改變以及預期外的事都會發生。如同哲學家珀皮諾所指出：「那麼一個一般性的規則是，我們可以預期在長期環境穩定的情況下，固定的基因會受到偏愛；在變化性的環境中，學習就會是被選擇的特徵。在環境穩定的情況下，固定的基因就會有……可靠以及可輕易習得的好處，但在環境有相當大的不穩定性時，這些好處很容易就被缺乏彈性給抵銷。」[24]社交環境也可能是不穩定的，這可以從人口數量與地理分布的顯著變化得到證明。

一八九六年，以達爾文的天擇論為研究架構的美國心理學家柏雷找到一個方法來解釋，特徵的演化並非固定不變，而是有機體在生命中學習得來的。乍看之下，這聽起來就像是拉馬克派的基因學，也就是習得的特徵會傳承下來，但並不是這樣。柏雷想到的是，雖然習得的特徵無法成為遺傳，但習得某些特徵的**傾向**是可以的。[25]（用我的一個老例子來說：人有習得怕蛇的傾向，但沒有習得怕花的傾向。）一九七一年的沃丁頓是最早在吉福德講座中提到「柏雷效應」的人。柏雷效應本質上就是一個機制，用來解釋顯性（可觀察到的特徵）可塑性的演化，也就是讓一個有機體可以有彈性地讓自己的行為適應環境改變的能力。就像演化神經生物學家庫碧絲和卡斯所說的：

> 雖然顯性是依照情境而產生，但回應情境的能力是以基因為基礎……就本質上而言，柏雷效應是對特定環境做出最佳回應的能力演化。因此，雖然選擇會影響顯性，但演化的是可塑性的基因，而非特定顯性特徵的基因。[26]

要有彈性不是靠做瑜伽

有兩種生物機制會造成柏雷效應：基因同化和利基建構。庫碧絲和卡斯解釋什麼是基因同化：

就某個環境而言最佳的特定表型特徵，在接續幾個世代後會被整合到基因體裡，表現出這些最佳特徵的個體會獲得天擇優勢，且其基因型和表型間有強烈的關聯。接著，就算最先產生這種特徵的環境條件已經消失，這樣的特徵還是會展現出來。這個過程是**基因同化**，說明了依附活動的顯性改變會受到基因的控制，並且成為演化過程的一部分。

另外一個生物機制是利基建構。利基建構[27]並非一眼可見，過去在演化理論中都是被忽視的題目，直到最近歐丁斯姆、拉蘭德和費爾德曼才開始試著改變這一點：

> 有機體透過新陳代謝、活動與選擇，定義並且部分創造出了自己的利基。他們也可能部分摧毀了這些利基，這種有機體所驅使的環境調整被稱為「利基建構」。利基建構會定期調整有生命的和無生命的天擇源頭，這麼一來，就會產生改變演化動態的反饋形式。[28]

利基建構的顯著例子是珊瑚和牠們建立的珊瑚礁，海狸和牠們的水壩，還有我們本身：智人與巴黎。

這兩種生物機制看起來都涉及一種能改變演化過程的反饋。柏雷效應背後的重大觀念就是，天擇導致的演化方向與速率的改變，有時候都會被學習而來的行為影響。想想看過去一萬兩千年裡發生的事，我們看到的不是一個穩定的環境，而是變動的，而在這個環境裡，彈性是強化生存的要素。不只是因為地景冰河退縮造成的改變，生活方式、人口密度、社會組織也都在改變。這樣呈現出的問題是，社交互動的增加是不是以某些方式影響了我們的演化。珀皮諾提出了很有意思的一點：

我一直覺得很明顯的是，至少有一種情況是（柏雷效應）發揮作用的時候，也就是對複雜行為特徵的**社交學習**……假設有某種複雜行為特徵P是透過社交所學習的（也就是個體必須從他人身上學到P這個特徵，而沒有真正自己弄清楚這個特徵的機會），同時有一種基因能讓個體有**較佳**的能力，可以透過社交活動學習到P特徵，那麼這樣的情況就會對上述的基因造成一種選擇壓力。但是如果沒有讓P得以存在的前提文化背景，這種基因就沒有任何選擇優勢。因為就實際上而言，這種文化環境是讓個體學習P特徵所必須的。畢竟，如果根本沒有能讓你學到P的社交對象，那麼讓你較容易從他人身上學到P的基因就沒有任何優勢。所以這看起來就像是柏雷效應：針對P特徵的基因是精準挑選出來的，因為P過去是透過社交學習所習得的……社交學習和柏雷效應有一種特殊的關聯性，因為它傾向引發這**兩種**機制（基因同化與利基建構），當我們有社交學習時，我們很可能會發現利基建構與基因同化往同一個方向推動，因此創造出強大的生物壓力。

這個概念是，一旦個體聚集在團體之中，他們就會處於一個社交世界。對於自此突現的社交規範與做法反應能力比較好的那些個體，就是比較成功的、生存並繁殖的那些人。他們是環境透過一種往下的因果關係所選擇的，而社交就是這個環境的一部分。

猴子的毛也很多

複雜社交系統也存在於其他物種，而透過觀察其他動物，也可以整理出我們是怎麼崛起的線索。舉例來說，芙萊克就發現了猴子警察存在的證據！[29]這些維持秩序的猴子對於社會團體整體的團結很重要。牠們不只會使衝突結束，或是減輕衝突的強烈程度，牠們的現身也能避免衝突發生與擴散，促進團體成員間有主動、具正面社交意義的互動。當維持秩序的獼猴暫時被帶離團體，衝突就會增加。就像人類社會一樣，警察在場時，酒吧裡的爭執會比較少，高速公路上的車速也會比較慢。她的研究結果顯示，周遭有警察會「影響大規模的社會組織，促進社會和諧與團結，這是在沒有警察時無法做到的。」[30]獼猴的社會網絡不只是各部分的總和，一群獼猴可以培養和諧、有生產力的社會，也可以產生分裂、不安全的派系，端看這些個體的組織而定。

對於我們的討論來說，特別有意思的是她得出的結論：

> 這代表權力結構透過有效的衝突管理影響社交網絡結構，因此對個體的層級造成影響而**限制個體行為**。豬尾獼猴的社會組織不是一種附帶現象，而是一種因果關係結構，形塑了個體互動，同時也被個體互動所形塑。

社會團體限制個體行為，而個體行為塑造了社會團體演化而成的類型。這呼應了我們認為個體行為並不只是孤立的、決定論的大腦產物，而是受到社會團體的影響。

馴化野人

海爾和湯馬斯洛的情緒反應假設都認為，限制個體行為最終會帶來基因改變。一般來說，黑猩猩並不是樂於合作的動物，牠們只有在某些競爭情況下會合作，而且只會和某些個體合作。這種特色和人類恰好相反：人類一般來說都是樂於合作的，否則金字塔或是羅馬城的溝渠怎麼會建造完成呢？海爾和湯馬斯洛認為，黑猩猩的社交行為受到牠們的性格所限制，而人類的性格是較

Bank 支票

富邦人壽

帳　　號　621689

支票號碼　ZQ9579401

中華民國　101　年　5　月　22　日

台灣票據交換所 3/31 所

驗印　記帳　出納　會計　核章

憑票支付　呂凱棋

新臺幣　捌佰柒拾貳元整

NT$　872*　此致

合作金庫商業銀行　仁愛分行

付款地：台北市仁愛路四段325號　付款行代號：01-006-0855

科　目　支票存款　對方科目

禁止背書轉讓

富邦人壽保險股份有限公司

（發票人簽章）

TAIWAN COOPERATIVE BANK

⑈9579401⑈⑆0100608559⑆01 ⑈7056216890⑈

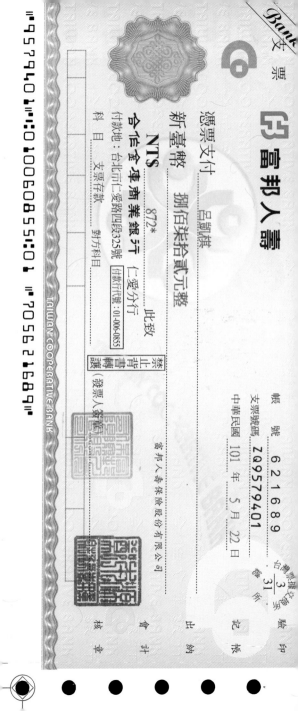

（閱讀分類機背書章專用區）

（請領款人於本虛線欄內背書，虛線外請勿書寫文字）

姓 名：

地 址：

本支票如係未劃線之禁止背書轉讓支票，受款人（或公司行號負責人）如欲領取現金時，請親自憑身分證及印鑑（或簽章）向合作金庫商業銀行仁愛分行兌領現金，但如支票面額在新臺幣伍拾萬元以內者，全省合作金庫商業銀行各分行皆可依上述方式代為兌付現金。

提示人（行）填寫存款帳號或代號	外埠託收單位代號（銀行填寫）		
		二仟元	
		仟元	
		五佰元	
		二佰元	
		佰元	
		零鈔	
		合計	

裝訂線

持票人

(1) 凡載明
據，必
在票背
書），
外並須
載相符

(2) 禁止背
據，限
書，切
簽章。

(3) 本票據
應俟收
方可抵

(4) 票據請
裂、磨

206773N001-003

複雜形式的社交認知所必須的。為了發展出人類在大型社會團體中生存所必須的合作程度，人類的侵略性與競爭心必須降低一些。海爾和湯馬斯洛認為，人可能經歷了某種自我馴化的過程，使得侵略性過高或過於暴虐的個體會遭到團體放逐或殺害，因此基因庫被修改，選擇了控制（也就是抑制）侵略這類情緒反應的系統。（我們之後還會看到，右前額皮質有一個區域被發現會抑制對自己有利的行為！）社會團體限制了行為，最終影響了基因體。

海爾和湯馬斯洛的情緒反應假設，源自於俄國基因學家貝亞夫的研究。貝亞夫在一九五九年開始在西伯利亞馴養狐狸，而且馴養計畫持續至今。他的繁殖過程只有一個選擇標準：他選擇離他伸出的手最近的幼狐。所以他選擇了那些對人類不害怕、沒有侵略性行為的狐狸。幾年過後，這種選擇過程的副產品就和在寵物狗身上看到的相近：這些狐狸的耳朵下垂，尾巴向上翹，還出現邊境牧羊犬那樣的雜色，以及較長的繁殖期，一胎的幼獸數量增加，雌性體內的血清素也較高（已知能夠減少某些侵略行為），腦中很多調節壓力與侵略行為的化學物質分量也都出現變化。[31]這些馴化的狐狸對人類溝通性的姿態，例如用手指以及凝視等，都和寵物狗有相同的回應技巧。[32]這些特徵都和與抑制恐懼有關的基因相關。這些實驗的狐狸身上出現的社會認知演化，似乎與選擇調節恐懼與侵略性的系統所帶來的副產品有關。狗的馴化應該也是透過類似的過程而發生，比較不怕人的野狗就是那些會接近人類居住地，並且翻找食物，徘徊不去，最後留下來繁殖的狗。也許人類最好的人類朋友與犬類朋友，都是經由相同的方式選擇出來的。

社交是核心

偉大的社會心理學家奧爾波特說：「社會化的行為是……皮質的最高成就。」[33]他是對的。你只要思考一下就會知道，社交世界是我們最關注的，占據了我們超乎尋常分量的時間與精力。你上一次沒有在想任何與社交相關的事，是什麼時候？當你發現你思考的事大部分都是社交性的，應該一點都不會感到意外：為什麼他們會那麼做？她在想什麼？不要又開會了！他們什麼時候結婚的？他喜歡我嗎？我欠他們一頓晚餐等等，諸如此類的。這可能會把你搞瘋！所有這些社交想法都反應在我們的對話當中。想想看你不小心聽到別人講電話的內容，你是否聽過有人在電話裡談論粒子物理學或是史前斧頭？社會心理學家埃默研究了人類交談內容，發現百分之八十到九十是關於被指名道姓的人以及熟識的個體，換句話說只是閒聊。[34]就根本上而言，我們都是社交動物。

心智推理，或是知道你知道這件事、相信那件事……

當我們神經科學家終於把一些精力放到社交世界，「社交神經科學」這個新領域就此出現。複雜的社交互動靠的是我們了解他人心智狀態的能力，而普瑞馬克在一九七八年想到了一個基本概念，這個概念現在主宰了大部分社交心理學神經科學的研究。他發現人類天生有能力了解其他人的心裡有不同的欲望、企圖、信念與心智狀態，還有能力建立具有某種程度準確性的理論來解釋那些欲望、企圖、信念與心智狀態為何。他將這種能力稱為心智推理（Theory of Mind），而且他想知道其他動物究竟擁有這項能力到什麼程度。光是他會懷疑其他動物是否擁有這項能力，就顯得他和我們大多數人不一樣了。大部分的人都假設其他動物，尤其是那些大眼睛的可愛動物，都有心智推理能力，而且我們很多人根本還把這種能力投射在物體上。事實上，光是面對麻省理工學院這台有社交程式的機器人李奧納多幾秒鐘，就會激發人類的這種反應。李奧納多長得像介於約克夏犬和松鼠之間的小淘氣，身高大約七十六公分。如果我們觀察這個看起來像是自主、有目標導向的機器人的行為，我們就會跟看到試圖爬山的三角形影片的寶寶一樣，自動地把這樣的機器人視為有企圖的，並且想出一套心理學理論去解釋李奧納多為什麼會做出這樣的行為，就像我們解釋其他人（還有寵物）的行為一樣。

一旦你了解這套機制的能力、什麼會啟動它，以及我們人類如何將它應用在從寵物到車子的各樣東西上時，你就很容易了解為什麼我們這麼容易訴諸擬人論，還有人類為什麼這麼難以接受自己的一些心理過程其實是獨一無二的：因為我們天生就不這麼想。在絞盡腦汁研究其他動物是否也有心智推理能力三十年之後，依舊缺乏證明這件事的證據。黑猩猩似乎表現出某種程度的這種能力，[35]但目前為止也只有這樣而已。就算你對你的狗有一套理論可以解釋牠在想什麼、牠相信什麼等等，但牠對你並沒有這麼一套理論，而且牠只要追蹤你的外顯行為就很夠了——例如你的移動、臉部表情、行為習慣、語調等，然後再利用這些做出預測。心智推理在大約四到五歲的小孩身上就已經自動發展完成，而且有跡象顯示，這種能力有部分，[36]甚至已經完整地出現在十八個月的小孩身上。[37]有意思的是，自閉症的兒童和成人在心智推理方面會有缺陷，因為他們推論他人心智狀態的能力受損，[38]故社交技巧不足。

鏡像神經元和了解心智狀態

里佐拉蒂與同僚在一九九〇年代中期研究獼猴負責抓取的神經元時，發現了一件滿值得注意的事，他們也很快了解到自己面對的，是動物如何能夠理解他者心智狀態的皮質成因。他們發現，一隻猴子在抓取葡萄時放電的神經元，在牠觀察到其他個體抓取葡萄時也會放電。[39]他們稱這種神經元為鏡像神經元，這是神經科學近期最偉大的發現之一。這是最早、最具體的證據，證明觀察與模仿一項行動之間有神經連結，是了解並理解他者行為的皮質基質。從這些原始的觀察出發，在人類身上也辨識出了不一樣、比獼猴更廣泛分布的鏡像神經元系統。猴子的鏡像神經元僅限於手部和嘴巴運動，而且只針對有目標導向的動作放電，這也許是猴子的模仿能力相當有限的原因。然而人類全身都有對應運動的鏡像神經元，就算動作沒有目標也會放電；[40]事實上，就算我們只是在想像一個動作，相同的神經元也都會啟動。鏡像神經元不只牽涉到模仿動作，還與了解動作的企圖有關。

了解他人的情緒

人類鏡像系統的廣泛影響已經漸漸為人所知，而且隱含的意義重大。它們不只被視為是了解動作的神經元基礎，還是了解情緒的基礎。人類的腦島環狀溝裡有鏡像系統，涉及理解並經驗他人的情緒，並透過內臟運動反應來調節。* 這個系統會無意識地從內部複製行動與情緒，而這樣的機制可能就是讓我們默默地知道其他人**如何**以及有**怎樣**的感受或行為，並且為解譯器提供輸入，為他人的行動與情緒原因（**為什麼**）提出理論。這是所謂的模擬理論：透過感覺到一種情緒刺激（例如你看見某人臉上的恐懼），你的身體會自動化地對它做出反應，也就是模擬這種情緒（你會自動化地模擬恐懼的表情，使得你的內臟運動系統給你一劑腎上腺素，模擬出那樣的情緒）。這樣一來，這種情緒可能會被你注意到或是認可，但你也可能會忽視這種情緒。如果這種情緒被你注意到了，你的解譯器就會對這種情緒感覺提出一個原因。你看見你朋友接起電話，臉

*這是運動系統中負責控制平滑肌纖維、心肌與內分泌腺非自主活動的反應。

上出現快樂的表情。你會模仿她的表情，跟著微笑起來，而且產生相同的內臟運動反應。你不需要真的聽見電話那一頭說了什麼，才能知道你朋友的感覺為何，你已經知道了。你的結論是，她接到了一直想去的公司錄取通知。我們透過用腦與身體模擬他人的狀態來了解這些狀態。

功能性磁振造影掃描能呈現出這些類型的鏡像反應。比方說，組成痛覺系統的腦部各區域在解剖學上是有聯繫的，而且這些聯繫的互動性非常高。然而對痛的感覺（痛）和對痛的情緒感知（「糟糕，這樣會痛」的焦慮）的區域是分開的。功能性磁振造影掃描顯示，痛覺的觀察者與接受者的腦中，和痛覺的情緒感知活動有關的部分都有活動，但只有痛覺接受者負責感覺經驗的腦部區域會有活動。[41]當你看到別人會痛時，你感覺得到那種焦慮，但不是感覺到痛本身。在另外一個造影實驗中，受試者先經歷不同程度的痛（熱或冷的刺激），同時接受掃描，觀察腦部哪一個區域與這種刺激有關。其中一個痛覺區域會根據受試者對痛的反應活動進行調節：愈痛，活動就愈多。接著他們只給受試者看別人感覺到痛的照片（例如被刺到的腳趾），然後要他們對這些照片上的人的痛苦程度評分。結果發現，在他們自己感受到痛，以及看見他們評分程度與自己的痛覺程度相同的痛苦照片時，腦部相同的區域都會有相同的活躍程度。[42]總而言之，這些實驗都支持一個想法：為了了解他人的心智狀態，我們確實會模擬他們的心智狀態。

無意識地模仿或擬態

我們的臉是最顯著的社交特徵。臉會反映我們的情緒狀態，但就像我們剛剛看到的，臉也會對他人的情緒狀態有所反應。面對高興、沒表情或生氣的臉孔三十毫秒（快到無法意識自己看到一張臉的時間），就會讓你出現符合微笑或生氣臉孔的明顯臉部肌肉反應[43]（這些研究是在非社交情況中進行的，我們之後會看到這是很重要的條件）。我們討論的是無意識的模仿，或稱為擬態。我們其實一直都在模仿他人，但因為發生得太快了，我們實際上無法感知到這一點。[44]我們會無意識地模仿他人的臉部表情、動作、聲調，還有口音，[45]甚至他人的說話或用字模式。[46]我們不只會無意識地仿效他人的習性，而且如果陌生人模仿我們的舉止，我們也會比較喜歡這樣的人，而且彼此的互動也會比較順利。這種連結會無意識地形成，並且你會「喜歡」和你相似的人。和沒有受到模仿的個體相比，被別人模仿的個體會比較樂於幫助在場的其他人，[47]我們也傾向贊同我們喜歡的人。[48]擬態使得寶寶會模仿母親的表情，如果媽媽伸舌頭，寶寶也會；媽媽微笑，寶寶也會。這種自動化模仿別人臉部表情、發聲、姿態與動作的傾向，帶來的結果是與他人的情緒會合，也就是所謂的情緒感染。[49]在育兒房裡的新生兒一開始哭，就會帶動其他寶寶一起哭，這就是情緒感染的證明。

這些擬態行為顯然是社交互動的潤滑劑，會增加正面的社交行為。透過正向社交行為將人與人聯繫在一起，可能具有適應性價值，因為這是一種將團體團結在一起的社會黏著劑，能夠培養團體達到數量上的安全。

然而在出現競爭或其他團體時，事情就不一樣了。人不會模仿他們競爭對手的臉部表情，[50]也不會模仿他們討厭的政治人物。[51]最近的研究顯示，觀察者與被觀察者間的關係優劣與擬態反應相關，而且並非所有的情緒表情都會被模仿。[52]快樂一定會被模仿，而負面的表情則不一定，會依照被模仿的對象而定。儘管擬態會增加團體和諧，但這不一定對做擬態的個體有益，尤其是在面對有限資源的競爭對手時更是如此。所以「快樂」這種低成本的情緒總是會被模仿，因為觀察者根本不需要付出什麼就能模仿；但是負面情緒表情只會在團體內的成員表現出來的時候被模仿，因為模擬悲傷（提供幫助）或是憤怒（傳達出威脅，或表達同仇敵愾的態度）的成本可能很高。事實上，人只會對雙重同伴表現出悲傷：同時兼具親近與團體內成員身分的對象。[53]看起來，擬態不只是自動化的、反射的動作，有時候還會以社會情境為基礎，扮演煞車的角色。這也是一種表達「相同陣線」的訊號，在維繫與調節社交互動上扮演重要角色，在社交的「內團體」中特別是如此。

不過自願性的模仿又是另外一回事了。我們很難有意識地去模仿他人，因為意識行為太慢了。如果你有意識地模仿某人，看起來會很假，而且會讓對話的同步性質中斷。儘管如此，這還是我們的物種間一種很厲害的傳遞方法，也是學習與同化的強力機制。[54]人類是動物王國裡最強大的自願模仿者，我們其實模仿得太過火了。黑猩猩也會自願模仿他人，不過牠們會直接針對目標或是獎賞模仿，但小孩則會模仿不必要的行動以得到獎賞。黑猩猩會模仿你跨過木板拿到香蕉，但牠們不會模仿你躡手躡腳經過的動作，可是兒童會。兒童是模仿機器，所以父母必須小心自己的一言一行，否則可愛的小寶貝就會像粗俗的水手一樣滿口髒話了。模仿在人類世界無所不在，和這種行為在動物王國裡的稀少形成突兀的對比。類人猿與某些鳥類似乎有某種程度的模仿行為，海豚可能也有。[55]就算在人類研究過的成千上萬種猴子當中，也只有兩種接受多年密集訓練[56]的日本猴類會出現自願性模仿行為。[57]

天生的道德

我們會有鏡像反應，會模仿，還會模擬情緒。我們用這麼多方法來溝通，好讓我們在人類世界的社交複雜性中找到方向。儘管如此，我們大多數人為什麼能相處融洽？這六十七億的人，怎麼不會隨時干戈相向？我們靠的真的是學來的行為與有意識的推理嗎？或者我們對適當的行為有內建的理解？隨著我們這個物種為了生存而群聚在一起，會不會演化出天生的道德感？殺人不是個好主意，但這是因為我們內建了這樣的想法，還是因為上帝、阿拉、佛陀，或者是政府說不能殺人？關於我們是否對道德行為有天生的感覺並不是一個新鮮的問題。休謨在一七七七年就問過這件事了：「最近出現的爭議是……關於道德的普遍基礎：道德是從推理延伸出來的嗎？或者我們是透過一系列的討論與歸納才獲得這方面的知識？還是這是一種即時的感覺，一種更細微的固有感受。」[58]哲學家和宗教領袖對於這個問題已經爭論了好幾個世紀，不過神經科學現在已經有工具和經驗證據可以幫助我們回答這些問題。

人類學家布朗[59]收集了一份人類普遍現象的清單，裡面包括了許多文化對於什麼是道德行為的共通概念。下面列舉一些例子：公平、移情作用（同理心）、對錯之間的差別以及糾正錯誤、稱讚與仰慕慷慨的行為，還有禁止殺人、亂倫、強暴與暴力行為，權利與義務的觀念，還有羞恥心。心理學家海德特努力想囊括所有道德系統都共有的特徵，而非只有西方思想。最後他得出了這個定義：「道德系統是關於價值觀、美德、規範、做法、身分、制度、技術與演化的許多組環環相扣的心理機制；它們共同抑制或調節人類自私行為，使得社交生活得以實現。」[60]

道德直覺

很多道德直覺都是對行為的快速自動化判斷，與對正確性或適當性的強烈感覺相關。道德直覺通常不是透過有意識的刻意評價過程而出現，因為這已經受到長時間的推論所影響。如果你看到一個人企圖違反剛剛提到的其中一項普世道德行為，你很可能會對那種行為產生一種道德直覺。很清楚的一個例子是，如果你看見一個小孩靜靜地在玩沙，但卻被他祖母打了一巴掌，你就會出現這一類的道德直覺，你會立刻評斷這樣的行為是不好的，是錯誤而且不適當的，因此你很合理地會感到憤怒。如果人家問你是怎麼判斷的，要解釋也很容易。可是這樣的例子並不能幫助我們了解休謨的問題。海德特提出了一個很不一樣的情境，並且問了各種人對於這種事的想法：

茱莉和馬克是姊弟。他們在大學的暑假期間一起去法國玩。有一天晚上他們單獨住在海邊的一個小屋裡，他們覺得如果他們發生性行為的話會很有趣也很好玩，至少會是他們的一項新體驗。茱莉已經吃了避孕藥，但是馬克還是用了保險套以策安全。他們兩人在過程當中都很盡興，但也決定以後不再這麼做。他們把這一晚當作一個特別的祕密，讓他們覺得和彼此更加親近。[61]

他們的性行為是可以接受的嗎？海德特的這個故事設計得很好，能夠喚醒一個人的本能直覺和道德直覺。他定義的道德直覺是「突然出現在意識中或在意識邊緣，對於某個人物或某人行動的一種判斷性的感覺（喜歡或不喜歡，好或壞），而且不會有意識地知覺到自己經歷過搜尋、權衡證據，或是推導出結論等這些步驟。」[62]在海德特的故事裡，不管是哪一種反對意見都有合理的答案。海德特知道大多數人都會說這是不對的，而且很噁心，而且事實上大家也都這麼說了。可是他想知道的是，到底有沒有一套我們必須使用的理性根基。為什麼這樣是錯的？你的理性大腦說什麼？意料之中的是，很多人回答近親性行為可能會產下畸形的胎兒，或者兩人的情緒可能會受傷。可是這兩種反對意見在原本的情境中都已經解決了。海德特發現，大部分人最後還是會說：「我不知道，我無法解釋，我就是知道這樣不對。」這到底是理性還是直覺判斷？我們是從父母、宗教或文化中學習到「亂倫是錯的」這個道德規範嗎？或者這是一種天生的、內建的規範，使得我們無法用理性論證推翻這件事？

所有的文化都有亂倫禁忌。這是普世所接受的惡劣人類行為。因為人類無法用看的就自動認出自己的手足（因此會有那些從小失散的兄妹長大後意外重逢，卻墜入愛河的電影），所以芬蘭人類學家衛斯特馬克在一八九一年就提出，人類演化出了一套阻止亂倫的內建機制，而且通常都能發揮作用。這套機制使得人對於和從小長時間相處的人發生性行為一點都不感興趣，或是對此會有負面的感覺。[63]這樣的規則預測，一起長大的童年玩伴、繼手足還有親生手足，都不會是結婚的對象，而針對這個問題的研究也都證明了這一點。[64]

演化心理學家莉伯曼進一步延伸這些發現。[65]她想知道這種個人的亂倫禁忌（「我和我的手足發生性行為是錯的」）如何演化成廣義的反對：「所有亂倫的人都是錯的」，以及這是內在自然產生的想法還是學習而來的。她發現個體反對所有亂倫的道德態度，會隨著個體實際上和手足（有血緣的、領養的或是繼父母帶來的）居住在同一個屋簷下的時間長短而定；不會隨著從社會或父母那裡**學習到**的指示而增強，也不會隨著與手足間的血緣關係而增強。

迴避亂倫並不是我們透過父母、朋友或宗教導師教導，理性學習而來的行為與態度。如果這是理性的，那麼這項禁忌就不應適用於領養的或是繼兄弟姊妹。這項特徵之所以被演化所選擇，是因為它幾乎適用於所有情況，能避免因為近親交配以及隱性基因表現而產生較不健康的後代。這是天生的，也因此是所有文化中都有的普世禁忌。

可是你有意識的理性大腦並不知道你有這種天生的亂倫迴避系統，它只知道手足間發生了性行為是不好的。所以當有人問你「為什麼不好？」，你那只能使用現有資訊的解譯器就得試著解釋。雖然在解譯器裡通常不會有剛剛提到的關於亂倫的文獻知識，但是會有那種不舒服的感覺，所以你的腦袋就會開始丟出各式各樣的理由了！

電車問題

另外一種討論是否有普世道德推論的方法，使得豪瑟與同僚帶著經典的電車問題到網路上尋找答案，這是哲學家芙特和湯茉森設計的問題。豪瑟預測，如果道德判斷是理性處理過程的結果，那麼不同年齡與文化的人對於抽象的道德問題應該會有不同的答案。你的答案是什麼呢？

一列脫軌的電車朝著五個人前進，如果電車維持目前的行進路線，這五個人就會死。救他們的唯一方法，就是讓火車上的乘客丹尼斯拉一個開關，讓電車轉往另外一條軌道，這樣火車只會撞死一個人而不是五個。丹尼斯應該要拉開關，讓電車轉向，犧牲一個人的命救五個人嗎？

在世界各地回覆的二十多萬人當中，百分之八十九的人都同意丹尼斯拉下開關是可接受的。

但是如果是這個問題：

跟剛剛一樣，有一列電車威脅到五個人的生命。法蘭克站在軌道上方的天橋上，旁邊有一位高大的陌生人。失控的電車和五名鐵軌工人各在天橋下方的兩側，如果他把高大的陌生人從橋上推到軌道上，就能讓電車停住。那個陌生人會因此而死，但五名工人就能活命。法蘭克可以把那個陌生人推下去，救那五人的性命嗎？

百分之八十九的人對這個問題的答案是「否」。這是跨越年齡與文化群體的驚人一致性，而且大家反應的兩極化也很驚人，因為在這兩個兩難題中，實際上涉及的人數（犧牲一人救五人）並沒有改變。如果要這些人說明自己的反應，不管他們覺得是否可接受，他們都會提出各式各樣的解釋，但沒有一種解釋是特別合邏輯的。既然我們已經學會了關於解譯器模組的事，我們應該可以預期會出現各種解釋。不過神經科學家其實並不在意這些解釋，他們想知道的是腦中有沒有道德推理中心或是系統，還有什麼樣的兩難題會啟動這些系統，以及腦的哪一些區域會在做道德決定時被啟動。

神經科學家葛林與同僚想知道這兩種情境牽涉到的腦部區域是否相同，因此他們做了實驗，在受試者決定自己反應時掃描他們的腦部造影。在第一個兩難題，也就是不涉及人的情境（只要拉開關），腦中與抽象推理和問題解決有關的區域會增加活動；但在第二個情境中，也就是涉及個人的兩難題（會實際上接觸到陌生人，並且把他推下去），腦中與情緒和社會認知有關的區域則會增加活動。[66]對於這樣的結果，有兩種解釋，我已經提示你葛林心中的差異是什麼了：是否涉及個人。不過豪瑟並沒有被說服，他指出這些兩難題裡有太多變數，無法簡化成是否涉及個人的差異。這些人的反應也可以用「不能為達目的不擇手段」的角度來解釋。這種哲學原則認為，如果能達到更大的好處，那麼造成傷害的副產品是可接受的，但卻不能利用傷害去達成目的。[67]這就是以「企圖」為基礎來討論行動。不論是哪一種解釋，某些情況會有道德煞車的觀念是舉世皆然的，而且道德煞車會現身阻止我們從事某些行動。

道德判斷與情緒

達馬修的團隊可以幫忙回答這個問題：情緒反應在道德判斷中是否扮演了因果角色？[68]他們有一組病患的大腦前額葉腹側受到損傷，這是腦部正常產生情緒的區域。這些病患的情緒反應與情緒調節都有缺陷，但是他們的一般智力、邏輯推理，以及對社交與道德規範的陳述知識都很正常。達馬修的小組假設，如果由大腦前額葉腹側調節的情緒反應會影響道德判斷，那麼這些病患在涉及個人的道德情境會做出功利判斷（第二個電車問題），但在不涉及個人的道德情境中，則會有正常的判斷模式。這些病患一邊接受掃描，一邊回答與有各種低衝突解決方案選項的情境相關的問題，例如：「殺掉你老闆是可以接受的嗎？」不管是正常的對照組或是腦部受損的病患都回答：「不，這是瘋子做的事，無法接受。」可是如果問題屬於高衝突的、涉及個人的道德兩難題（必須要權衡整體利益與傷害他人的利害關係時），通常就會激起個體強烈的社交情緒。此時情況不同了。和第二個電車問題類似的情境是：「在一場殘酷的戰爭中，你為了逃避敵軍的追捕，和其他十個人一起躲在一個房間裡，其中一人是嬰孩。這個嬰孩開始哭泣，這麼一來你們躲藏的位置就會被發現。此時為了避免你和其他九個人被敵軍發現而被殺，把這個嬰孩悶死是可以接受的嗎？」面對這一類的問題，大腦前額葉腹側受損的病患做出的判斷與反應和對照組有極大的差異。因為他們對這樣的情境沒有情緒反應，所以反應很快，也比較功利：當然要推那個胖子下去；當然要悶死那個小孩。

道德情緒、道德合理化以及解譯器

海德特認為，人面對兩難題時會先因為無意識的道德情緒而產生反應，接著才會回頭找理由。這時候解譯器就會介入，利用個體從文化、家庭及學習歷程等來源得到的資訊，讓道德合理化。雖然道德**推論**是可能的，但我們通常不會這麼做。只有在我們改變觀點，站在別人的立場，想知道這些想法從何而來時，才會進行推論。豪瑟認為，我們天生就有抽象的道德規範，而且也準備好習得其他道德規範；就像我們天生就已經準備好習得語言，接著我們的環境、家庭還有文化就會限制並引導我們到某個特定的道德系統以及特定的語言。

可是想想看平克的電車問題：

> 一輛脫軌的電車即將撞死一位學校老師。你可以讓這輛電車轉向另外一條軌道，但此時電車就會扳開一個開關，發出訊號允許一班六歲的小學生把一隻泰迪熊命名為穆罕默德。拉動讓電車轉向的開關是可以的嗎？
>
> 這不是笑話。上個月，一名在蘇丹私立學校教書的英國婦女，允許她的班級把一隻泰迪熊以班上的風雲人物為名，而這個男孩就和伊斯蘭教的創立者同名。於是她因褻瀆罪入獄，並且遭到公開鞭刑處置；監獄外的暴民還要求將她判死刑。對於抗議人士而言，這名婦女的性命價值顯然不如維護他們宗教尊嚴來得重要。而他們對於是否讓這輛假設性的電車轉向的判斷，就會和我們的判斷不同。任何引導人類道德判斷的規則都不是舉世皆然的，只要是沒有在人類學入門課睡著的人都能舉出更多其他例子。[69]

雖然平克的異議呈現出了一個問題，但要把它納入我們的普世內建道德行為理論中也不是不可能；我們只要考慮文化的影響就好，而海德特和他的同僚可以提供這方面的幫助。

普世道德模組

海德特和約瑟夫比較研究了人類舉世皆然的道德觀、有文化差異的道德觀，以及黑猩猩的原始道德後，列出了一份普世道德模組清單。他們列出的五項模組分別是苦難（幫助而不傷害他人）、互惠行為（從中衍生出公平感）、階級制度（敬老與尊重正當掌權者）、建立結盟關係（對你的團體忠誠）、純淨（讚賞潔淨而迴避污染與肉體行為）。[70]直覺性的道德判斷來自於這些模組，而這些模組的演化是為了應付我們的狩獵與採集祖先經常會面對的一些特定情況。他們居住的社交世界主要是由有親屬關係的人所組成，而且他們是為了生存而群居。偶爾他們會碰到其他的群體，有些帶著敵意，有些則無，有些和其他群體比較親近，但大家都要處理相同的生存問題：資源有限，要讓自己有得吃而且自己不能被吃，要找到遮風避雨的地方，要繁殖，而且還要照顧下一代。他們在互動中經常面臨兩難，其中有些情況就涉及我們現在覺得是道德或倫理的議題。個人的生存不只要仰賴保護許多人的團體生存，還要依靠他自己在社交團體與實體世界中的一些技巧。生存並繁殖後代的個體與團體，就是那些能在這類道德議題中成功找到方向的個體與團體。達爾文的文字也確認了這一點：

> 一個包括許多成員的部族，因為這些成員擁有高度的愛國精神（聯盟）、忠誠（聯盟）、服從（尊重權威）、勇氣與同情心（苦難），所以這樣的部族隨時準備好幫助他人（互惠），而且會為了公眾的利益犧牲自己（聯盟）。這樣的部族會遠勝過其他部族，這就是天擇。一直以來，世界各地都有取代其他部族的部族，而由於道德是他們成功的重要因素之一，道德標準以及有這種天賦者的數量都會在各地隨之興起、增加。[71]

美德不一定是普世價值

海德特與約瑟夫的道德模組清單是他們心目中不同社會的道德基礎，其實範圍比其他西方心理學家所認為的更廣。原因是這份清單不只受到西方文化影響，還受到這些研究者出身的政治自由的大學文化影響。他們認為，最前面的兩個模組比較著重個體，這是西方文化與自由主義的意識型態基礎。其他比較著重團體生存的三個模組，則被納入了保守派與世界其他地方的文化裡。

雖然道德模組是舉世皆然的，但以這些模組的大雜燴為基礎的「美德」就不是這樣了。美德是特定社會或文化所重視的，被視為是可以加以學習的道德良好行為。不同的文化對海德特五大模組的各方面會賦予不同的價值。我們所身處的家庭社會環境與文化背景，都會影響個體的思想與行為，因此一個文化、一個政黨，甚至一個家庭覺得有美德（道德上值得讚許）的事，並不是舉世皆然的。這是道德的文化差異背後的驅動力，也能解釋平克的電車問題。海德特推測，美國政黨間的差異，就是因為他們對於這五大模組賦予了不同的價值。

指派信念靠右腦？

神經科學家薩克絲認為，當我們試著了解他人的信念與道德立場，或者我們想預測並操控他人的信念時，不只會出現情緒的模仿而已。為了證明她的觀點正確，她與同僚一邊掃描受試者的腦，一邊讓受試者進行一項經典的錯誤信念任務。在錯誤信念任務中，莎莉與安在一個房間裡，莎莉把一顆球藏在藍色的盒子裡，安在一旁看著她這麼做。接著莎莉離開房間，安站起來，把球移到紅色的盒子裡。然後莎莉回到房間裡。此時如果你問看到這一切發生的旁觀者，莎莉覺得球在哪裡？四歲以下的兒童會回答莎莉覺得球在紅色的盒子裡，因為他們不了解莎莉有錯誤的信念。四歲到五歲之間的小孩就能夠了解，並且表示莎莉覺得球在藍色的盒子裡。這是一種逐漸發展、最後在四到五歲之間開始運作的機制，讓人開始了解其他人可能會有錯誤的信念。薩克絲發現，右腦有一個特定的區域會在成人受試者處於下列幾種情況時啟動：當受試者思考他人信念時、受試者以書面明確得知某人的信念時、受試者跟著鬆散的指示去考慮他人信念時，以及受試者得到指示，要去預測某位有錯誤信念者的行動時。

當我第一次聽到這些發現時，我對於這樣的機制位在右腦感到非常震驚。因為如果關於他人的信念的資訊儲存在右腦，那麼對於裂腦症患者而言，這種關於他人的資訊就無法到達負責解決問題和擁有語言能力的左腦，他們在道德推論時應該就會出現斷裂現象。可是事實上並沒有發生這種事。裂腦症患者的行為與常人無異。我和同僚再一次地測試了我們有無窮耐心的患者。我們採納了決定他人信念的機制位在右腦的看法，也已經知道表示他人目標的機制位於左腦，接著我們問了裂腦症患者下列的問題：

一、如果祕書蘇西相信她放到老闆的咖啡裡的是糖，但那其實是一名化學家不小心留下的毒藥，而她的老闆喝了咖啡後就死了。她的行為是可允許的嗎？

二、如果祕書蘇西想謀殺她的老闆，企圖把毒藥加到他的咖啡裡，但結果其實放的是糖，而老闆喝了咖啡後沒事。蘇西的行為是可允許的嗎？

聽了這兩個故事的人，在意的只有**結果**，還是會根據**行動者的信念**做判斷？如果你或我被問到這些問題，我們會說第一種行動是可允許的，因為她**以為**那杯咖啡很正常。可是第二個問題裡的行為就不被允許了，因為祕書**以為**那杯咖啡有毒。我們是根據祕書的企圖，也就是行動者的信念而做判斷。那麼我們的裂腦症患者會有什麼反應呢？因為裂腦症患者的左右腦分開了，而一邊是負責關於他人的信念，另一邊則是負責問題解決、語言與話語，所以我們預測他們只會關心結果而非企圖，事實上也正是如此。他們完全靠結果來判斷。

比方說，當JW聽到女侍**故意**把芝麻送給她認為對芝麻嚴重過敏的客人，但結果卻是好的，因為其實那人根本不會過敏時，他很快就**判斷這種行為是可允許的**。因為裂腦症患者在真實世界裡的功能都很正常，所以接下來的事就不令人驚訝了。在過了一段時間後，JW有意識的腦處理了他剛剛說過的話，他就合理化了自己的反應（解譯器出來救援了）：「芝麻那麼小的東西，不會害你怎麼樣的啦。」因為女侍的信念狀態資訊對他的自動化反應沒有幫助，所以他必須要讓自己的自動化反應符合他理性上意會到這個世界所允許的條件。

抑制自利

我們經常將與公平有關的兩難視為道德兩難。有一個很有意思、很著名的發現和所謂「最後通牒遊戲」有關。這個遊戲裡有兩個人，遊戲只有一個回合。其中一人手上有二十元，他必須把錢分給遊戲中的另一人，可是他能決定分錢的比例。兩名玩家都可以保留首次提議比例的錢。可是如果其中一人拒絕對方提出的比例，那麼兩個人都拿不到錢。在理性的世界裡，不管比例多少，一開始沒拿到錢的玩家都應該要接受，因為這是他拿到錢的唯一方法。可是人實際上的反應並非如此。他們只有在覺得這個分配比例公平時才會接受，而所謂的公平至少是六元到八元。費爾[72]與同僚利用跨顱電刺激干擾前額皮質的腦部運作，發現當右腦的背外側前額皮質受到干擾時，人會接受比較低的分配比例，但還是會判斷這是不公平的。既然壓抑這個區域會提高對不公平的提議的自利反應，顯示這個區域正常而言會抑制自利（什麼比例都接受），減少自私衝動對決策過程的影響，因而在實行公平行為上扮演了關鍵角色。

更進一步證明這個區域會抑制自私反應的證據來自達馬修的團隊，他們對此區從小受傷的成人進行道德測試。他們的答案都非常的自我中心，就像他們的行為一樣。他們表現出缺乏抑制自我中心的能力，而且不會站在他人的觀點。成人時期才在這個區域受損的人，就像達馬修測試道德兩難題的病患一樣，比較能補償這種缺乏抑制功能的情況。這顯示早期受損的神經系統對於習得社交知識至為關鍵。[73]

很多道德迴路的例子都已經被辨識出來，而這些迴路似乎分散在腦部各處。我們對社交世界有很多天生的反應，例如自動化的同理心、隱晦地評價他人、情緒反應等，而這些都來自我們的道德判斷。可是我們通常不會思考這些自動化反應，也不會引用這些反應解釋自己的決定。人類通常會根據道德挑戰而行動，但卻宣稱是出於不同的原因才這麼做。這是因為各種影響的雜音會引導我們的行為和判斷，而這些影響牽涉到情緒系統和特殊的道德判斷系統。天生的道德行為會直接動作，然後我們才給它一個解釋。我們自己會相信這種解釋，然後它就成為我們生活裡有意義的一個部分。但是引發我們的反應的，就是我們都擁有的這些普世特質。

看起來我們都有相同的道德網絡和系統，並且傾向對類似的議題有類似的反應方式。我們不同的地方不是我們的行為，而是我們對於自己為什麼有這種反應的理論，還有我們對這些不同的道德系統賦予的重要性。當我們了解自己對這些系統的理論，並知道我們賦予它們的價值正是衝突的來源，將會帶來深遠的影響：我認為這可以幫助有不同信念系統的人相處融洽。

我們的腦已經演化出讓我們在社交情境中能繁榮發展的神經迴路，就算在嬰兒時期，我們就已經會做判斷與選擇，行為也會以他人的動作為基礎。我們偏好樂於助人者，甚至是中立的人，都勝過阻礙他人者。我們了解他人何時需要幫助，而且我們會有利他的協助行為。我們廣泛分布的鏡像神經系統給我們了解他人企圖與情緒的能力，我們的解譯器模組會把這些資訊編織在一起，形成關於他人的一套理論。我們也會利用相同的模組編織關於自己的故事。

我們的社交情境會隨著我們對於自己本質的知識累積而改變，我們可能會想改變我們如何體驗社交生活、如何在當中生活——特別是關於公正與懲罰的部分。因此我們會在下一章看到，我們如何讓社交動態與個人選擇結合，我們如何藉由了解他人的企圖、情緒與目標，讓自己生存，並且了解社交過程如何限制個人的心智。

第六章　我們就是法律

一九九七年二月十九日，佛州坦帕的一位住家油漆工打電話報警。他臨時返回一位客戶家，結果從窗戶看見似乎有一個裸男正在掐著一名裸女。警方抵達時，一位鄰居說那名男子「腳步不穩地走出房子，襯衫沒扣，胸口沾滿血。」[1]這名男子不只掐那個女人，還戳了她好幾刀，使她喪命。這名死者叫做海耶絲，生前有三個孩子，最小的三歲，最大的才十一歲。這名七十歲的男子叫做辛格頓，在加州惡名昭彰，十九年前他在當地強暴了一位搭便車的十五歲女孩玟森，用斧頭砍斷她的前臂，把她丟在德爾波多黎各峽谷路旁的水溝裡等死。兩名度假遊客在隔天早上發現她全身赤裸地往州界走，同時高舉她被砍傷的上臂，避免自己失血過多。玟森對攻擊她的人的長相有很清楚的描述，鄰居因而從警方肖像畫家畫出的人像認出辛格頓。辛格頓接受審判後被判有罪，徒刑時間是加州史上最長的十四年，但卻在八年的「行為良好」後獲得假釋出獄——儘管在他出獄之前，監獄內的精神科醫師評估是：「他對於自己的敵意與憤怒毫無感覺，因此對於監獄內外人士的安全依舊是強烈的威脅。」[2]玟森的母親露西．玟森表示，玟森的父親經常拿著點四五口徑的手槍，仔細思考是否要殺掉辛格頓。[3]玟森在辛格頓假釋後感到非常害怕，理由有二：辛格頓還在監獄的時候就曾寫信給玟森的律師威脅她；而且當玟森在法庭作證結束後，經過辛格頓旁邊時，他也曾小聲地對她說：「就算用盡我剩下的人生，我也會完成這件事。」[4]辛格頓獲得假釋後，玟森因為太害怕，所以一直無法在同一個地方待太久的時間，而且她還請了很多隨身保鏢。

一九九七年，玟森告訴《聖彼得時報》的記者：「我覺得自己還不夠提心吊膽。」覺得自己命在旦夕的不只是玟森，辛格頓假釋出獄後，不管獄方想將他安置在加州哪一個城鎮，當地都會上演憤怒的抗議行動。最後他被安置在一輛停放在聖昆丁監獄持有地的拖車裡，而且必須等到假釋期滿才能搬家。整個加州對辛格頓假釋案的強烈憤怒促成了「辛格頓法案」，禁止犯行與酷刑有關的加害人提早獲釋，此類犯罪的徒刑也被延長為二十五年到無期徒刑。[5]二〇〇一年，辛格頓在佛州以死囚犯的身分死於癌症。玟森告訴一名記者，兇手的逮捕與死亡讓她「覺得極度的自由」，但她還是會做噩夢，而且不敢睡覺：「我曾因為做噩夢而摔斷了骨頭。我曾經因為在睡夢中想逃離床上而跳起來，造成肩膀脫臼，也曾摔斷肋骨和鼻梁。」[6]她已經離婚，用壞掉的冰箱與音響零件自製義肢，現在以藝術家的身分辛苦扶養兩個兒子。

你讀到上述內容的時候，心裡對辛格頓有什麼感覺和想法？你希望他被關起來，永遠不要被釋放嗎（使其無行為能力）？如果你是玟森的父親，你會想要殺了他嗎（懲處）？或者你想原諒他，告訴他：他的腦袋無法抑制他天生的侵略傾向真是太糟糕了，如果他接受一些治療，也許會比較有利於社會（復健）？使其無行為能力、懲處或者復健是社會對付犯罪行為的三個選項。當社會考慮公眾安全時，就面臨制定與執行法律者應該採取哪一種觀點的決定：「懲處」是重視懲罰個體與公正刑罰的做法，或者可以稱為結果論，是一種功利主義的想法，認為讓社會得到最好結果的做法就是對的。

隨著神經科學對腦部處理過程的了解愈來愈接近物質主義，它開始挑戰一些人對於犯罪行為，以及我們對犯罪該採取什麼方法的觀念。決定論質疑「人應對自己的行為負責」這個長久以來的信念到底有何意義，有些學者提出極端的看法，宣稱人永遠不需要為自己的任何行為負責。這些看法挑戰了我們在社交團體中共同生活的基本規則。人應該為自己的行為負責嗎？如果不需要，人的行為似乎會變得非常糟糕，就像第四章中提到，讀過決定論文章的受試者在考試中比較容易作弊那樣，對於社會整體可能會有負面的影響。是「當責」讓我們維持文明嗎？神經科學對這些問題有愈來愈多的想法，這些想法也已經慢慢滲透進法庭——但大部分的神經科學家都認為這樣的滲透過於輕率。

加州人認為辛格頓不應該被假釋，覺得他還是一個威脅。他們不希望他住在他們的社區裡，也認為某些行為必須受到更長時間的監禁。不幸的是，就這個案例而言，他們是對的，假釋委員會是錯的。到了更近期，法律系統已經開始在不同領域中向神經科學尋求方法：預測一個人未來的威脅（累犯），判定治療對什麼人可能有效，並且決定這些判斷該有多少確定程度才是可接受的。是不是有些罪行就是可怕到根本不需要考慮釋放罪犯？神經科學也為我們點亮一盞明燈，讓我們知道人為何對反社會或犯罪行為有情緒反應。但這又引發了下一個問題：當我們了解了自己經過演化所磨鍊出來的反應，我們能不能或是應不應該修正這些反應？這些情緒是文明社會的雕刻者嗎？這真是天大的挑戰！

這一章的標題「我們就是法律」是哲學家瓦特森給我的建議，他指出了一個簡單的事實：當我們思考自己的時候，我們就塑造出了我們決定要遵守的規範。如果湯馬斯洛和海爾是正確的，也就是數千年來，我們透過放逐與處死那些侵略性過強的人來馴化自己（本質上就是將他們移出基因庫，修改我們的社會環境），那麼我們就是一直在為團體制訂生存規則，並且透過演化歷史執行這些規則。如果我向各位敘述的這些神經科學各種研究分支，改變了我們從兩三百年前開始對於自己、對於行為和動機的想法，那麼我們**也許**會決定重建我們的社交架構。因此可以簡單地說我們就是法律，因為法律是我們制訂的。我們從內在道德觀的看法與特定文化的想法兩者間取得平衡，決定自己的立場。當我們思考腦是如何造就心智的種種問題時，我們就必須決定我們對於人類的本質、我們是什麼，以及我們應該如何互動，是不是必須有不同的信念。我們不免接著開始思考，改變我們的司法結構到底有沒有好處。

目前為止我們已經看到心智會限制大腦，我們也開始了解社交過程會限制個體心智。在這一章裡，我們會看到神經科學界興起的一些關於人類情況的觀點，對於法律以及我們對責任與正義的觀念，造成文化上的影響。這些被反覆思索的問題，就是我們司法系統的基礎：我們對報復性懲處的自然傾向是必要的嗎？還是功利主義的當責就已經足夠？懲罰是正當的嗎？我不會吊你胃口。這些問題到目前都還沒有答案，不過因為腦部研究以及我們因此對自我的了解，這些問題現在都被端到了台面上。我們將看到目前的司法系統就像我們的道德系統一樣，是因我們經過演化磨鍊的內在直覺而形成的。

文化與基因影響認知

我們所屬的文化其實對於塑造我們某些認知過程扮演了重要的角色。密西根大學心理學教授尼茲彼和同僚深入研究這個概念，他假定東亞人與西方人在思考某些事情時，使用的其實是不同的認知過程，而這樣的差異源自他們不同的社會系統：各由古代中國文明與古希臘文明所發展出的兩個系統。[7]他們認為古希臘人的特徵是在古代文明中沒有與之匹敵的對手，而且他們個體內的定位能力非常強。尼茲彼在敘述他的發現時這麼寫：「希臘人對於個人的『**我**』的感受，比任何古代人（事實上比現代地球上的任何人）都還要強大，他們覺得自己能決定自己的生命，能自由依照自己的選擇而行動。希臘人對於快樂的一項定義是：能夠在不受限制的生活中行使他們的力量，追求卓越。」[8]古代中國人不同之處在於，他們著重的是社會義務或集體的「我」。「相對於希臘人的『我』，中國人重視的是**和**。每個中國人最重要的身分，就是他身為一個或許多團體的成員角色——宗族團體、村落團體，更重要的是家庭團體；希臘人是不管在哪種社會情境中都能維持其獨一無二身分的獨立單元，但中國人並不是那樣。」因為「和」是目標，所以對峙與爭論都不受到鼓勵。

尼茲彼與同僚認為，社會組織會使我們專注於環境中的不同部分，因此會間接影響認知過程，並直接使得某些社交溝通模式比其他模式更為人所接受。如果一個人將自己視為與大環境不可分割的一份子，那麼他會以整體的觀點看待世界各個方面；如果一個人重視的是自己擁有的個體能力，那麼就會以個別的觀點看待世界的各個方面。而實際上表現出來的也就是這樣。在測試美國人和東亞人的實驗中，受試者要描述閃過他們眼前的簡單風景畫面，接著再測試他們記得畫面中的哪些東西。結果美國受試者會著重在圖片中的主要物品，而亞洲受試者比較著重整個畫面。那麼這樣的文化差異在腦部功能方面也很顯著嗎？

似乎是的。麻省理工學院的研究人員海登和蓋布瑞利讓東亞與美國受試者一邊接受功能性磁振造影掃描，一邊快速做出感知判斷。[9]受試者會看到一系列不同大小的正方形，每一個正方形裡面都畫了一條線。實驗結果發現，美國人在判斷某一組線條相對於正方形大小的比例，與另一組線條與正方形的相對比例是否相同時（相對性的判斷），腦部活動比較多，顯示此時他們需要維持比較長的注意力；如果只是判斷不同正方形內的線條長度是否相同，而不管周邊的正方形，他們的腦部活動就比較少（針對個別物體的絕對性判斷）。對他們而言，對於個別物體的絕對性判斷比較不需要花腦筋，但判斷物體間的關係比較需要花腦筋。東亞受試者卻恰恰相反，他們的腦在做絕對性判斷時需要特別努力，但是輕輕鬆鬆就能做出相對性判斷。除此之外，文化上偏好或嫌惡的任務所需要的腦部活動程度，也會根據個體對自身文化的認同程度有所差異。腦部功能的差異不會在早期的視覺處理過程中出現，而是會在處理過程的最後階段出現，此時的注意力會著重在判斷上。儘管上述的兩個團體都使用了同樣的神經系統，但在面對同類任務時，神經系統作用的規模卻不同，「在廣布的神經網絡裡，任務與腦部活動兩者間的關係完全相反。」

即使在相同地理區與民族的群體內，也會看到這些注意力分配的不同風格。土耳其東方黑海地區的漁夫和農夫居住在互助型的社群內，因此傾向整體的注意力；而同樣在這個地區，但居住在個體決策為常態的社區中的牧羊人，注意力就沒有這麼全面。[10]

東方人與西方人在基因組成上也不一樣。金熙貞與同僚想知道基因差異要到什麼樣的程度，才會造成注意力的差異。很多研究已經顯示，血清素與注意力、認知彈性、長期記憶都有關係，所以他們判斷研究某種已知會影響個體思考模式的特定血清素的系統多態性（也就是ＤＮＡ排序的變化），將能帶來很豐碩的結果。他們研究了5-HTR1A基因的不同對偶基因（在控制遺傳特徵的成對染色體上位置相同，但核酸序列不同的基因），這種基因最終會控制血清素的神經傳導。他們發現，一個人擁有的5-HTR1A對偶基因類型，與他所處的文化背景有相當顯著的互動關係，而這樣的互動會影響這個人的注意力方向。以成對的基因對來看，在那些擁有相同ＤＮＡ

序列（同型結合）的人當中，擁有G對偶基因的人（這與適應改變的能力較低有關），會比有同型結合的C對偶基因的人更強烈認同受到文化加強的思維模式；可是擁有一個G和一個C序列的人（異型結合的G／C對偶基因）想法會比較中庸！研究人員總結他們的發現後，得到的結論是：「相同的基因傾向可能會隨著個體所在的文化情境，導致不同的心理結果。」[11]

行為、認知立場，以及底層的心理學會影響文化氛圍，並且也會受到文化氛圍影響。這樣的發現具有相當強大的力量，加強了我在前一章提過的利基建構模型概念的重要性，也就是生物與環境間的互動是雙向的：生物（或是獲選者）其實會以某種方式改變環境（挑選者），也許會影響未來選擇的結果。以人類為例，我們有能力改變環境，不只是實體環境，還有社會環境，而且這些改變的反饋會製造出一個改變的環境，這樣的環境又挑選出能夠生存與繁殖的人類，造成環境在未來又有所改變。因此環境與生物一直都是互相結合的。

而當你思考我們的司法結構與道德規範如何影響並塑造我們的社會環境，它們又可能會選擇什麼樣的行為，誰能生存並繁殖，以及這又會怎麼影響未來的社會環境時，這些概念就變得格外重要。就神經生理學而言，我們天生就有公平與其他道德直覺的感覺，而這些直覺讓我們建構了行為層級的道德判斷；再往關係鏈的上面看，我們的道德判斷也讓我們為社會建構了道德規範與法律規範。這些屬於社會層級的道德規範與法律規範提供了反饋，限制了人類的行為。個體在行為層面的社會壓力會影響他的生存與繁殖，因此這底下的腦部處理過程就會被選擇。隨著時間過去，這些社會壓力會開始塑造我們的樣子。這麼一來，就很容易了解這些道德系統是怎麼變得真實的，而且理解它們也變得非常重要。

是誰做的？我還是我的腦？

司法系統是處理人際問題的社交調停者。當我們試著描述從古至今，由人類的頭腦、心智，與文化互動所形成的法律以及我們對正義與懲罰的概念的同時，我們應該要謹記利基建構的動態。司法系統以各種方式闡述權利與義務。在大部分的現代社會裡，這些系統制訂的法律是透過一系列的機構所執行的，違反法律所要承擔的後果也是一樣。當有人違法，就會被視為是冒犯了整個社會與國家，而不是個人。目前美國的法律認為人應該為自己的犯罪行動負責，除非犯罪者遭到嚴重的脅迫（例如有人拿槍指著你孩子的頭），或此人在理性方面有嚴重缺陷（例如無法判斷是非）。在美國，違反這些法律的後果是以「以牙還牙」的懲處式正義系統為基礎，也就是一個人要為自己的犯罪行為負責，並且必須以「罪有應得」的形式懲罰他。看過前面的章節與決定論的證據後，我們面臨了這個問題：在犯罪當中，要怪的到底是那個人還是他的腦？我們要讓那個人負責，或者是因為腦部功能的決定論面向而原諒他？很諷刺的是，這個問題用的卻是二元論的看法，暗示人的頭腦和身體是分開的。

神經科學滲入法庭

法律很複雜，考慮的不只是實際的犯罪而已。比方說，犯罪者的企圖也是考慮的因素之一：這個行動是蓄意的還是意外？一九六三年，奧斯華把來福槍藏在遊行路線上的大樓裡，在現場等待總統的車隊經過，接著開槍射殺甘迺迪，這就是有殺害甘迺迪總統的企圖。可是隔年在澳洲發生的一個案子裡，判決就認為雷恩沒有殺害剛剛他成功搶劫的商店收銀員的企圖。他在離開那間店的時候跌倒了，不小心扣了他的槍的扳機，槍殺了那位收銀員。雖然不管是電影、書籍還是電視，都會描述罪犯最後到了法庭時，他們的企圖以及其他情況都會被加以檢視，可是真正接受審判的刑事案件其實非常少，約略只有百分之三而已。大部分案件都是認罪協商結案。一旦我們走進法庭這個司法程序的實驗室，神經科學對於這些事就有很多能說的了。神經科學能證明法官、陪審團、檢察官、辯護律師都有潛意識的偏見，可以告訴我們關於目擊者證詞的記憶和感知可靠度，可以讓我們知道測謊的可靠程度；現在還被要求判斷被告微薄的責任感是否存在，預測被告未來的行為，並且判斷誰對哪一種治療會有反應。神經科學甚至能告訴我們自己對懲罰的動機。

史丹佛大學的心理學教授薩波斯基提出非常強而有力的說法：「令人難以理解的是，司法系統對精神失常辯護的黃金準則，也就是馬克諾頓法則，居然是以一百六十六年前的科學為基礎。隨著我們對於腦的知識增加，不論是『決斷力』與『罪行』的觀念，甚至最後連刑法系統的前提，都變得非常值得商榷。」——[12]馬克諾頓法則在一八四三年預謀暗殺英國首相皮爾的事件後出現，經過些微的調整後，就被大多數的普通法體制用於判斷精神失常被告的刑事責任。英國最高法院曾在上議院提出關於精神失常法的問題時這麼回答：「不論在何種情況下，陪審員都應該被告知：每個人都是被假定為神智清楚的，並且擁有足夠的理性，可以為自己的犯罪行為負責——除非相反的說法足以讓陪審員滿意。如果要讓被告的精神失常成立，就必須清楚證明被告在採取行動的當時，正處於缺乏理性的情況，並且是出於心智上的疾病而行動，而且不知道他所採取的行動之本質與特性；或者他知道，但並不知道這麼做是錯的。」——[13]薩波斯基提出的問題是：既然知道了決定論，既然我們開始了解心智狀態，既然我們能追蹤腦的哪一個部分和意志活動有關，還能知道這個部分可能受損了，而且既然我們的知識愈來愈豐富，可以明確知道損傷的存在以及原因，那麼我們對被告會不會有不同的看法？

在這樣的論調中岌岌可危的，正是我們司法系統的基礎，也就是「個人應該要為自己的行動承擔起責任」。現在的問題是：現代神經科學是否加深我們對決定論的想法？而且隨著更加堅定的決定論，報復與懲罰是不是會更站不住腳？換句話說，以決定論而言，沒有人可以責怪，既然沒有人可以責怪，就不應該有報復和懲罰。大家就是擔心這樣的想法已經開始醞釀。如果我們改變心意，把這些都當成文化，那麼我們就要改變處理犯罪與懲罰這兩種不合宜行為的方式。

因科學瞠目結舌

普通法的基礎信念是：以不同方式處理不同場合中類似的事實是不公平的，所以「判例」或是過去的決定，對於未來的決定具有約束力。因此，普通法是由過去的法官與陪審團的判斷所形成，而不是由法條形成的。回頭看看普通法的歷史，它的根源以及很多傳統都是在缺乏科學知識的時代所建立的。就算到了近期的一九五〇年代，法庭所接受的科學是精神分析理論，但這是根本沒有實證資料支持的一門學科。為什麼沒有實證內容的東西可以獲得承認？因為有一個法官認為它已經夠好了，所以就判決這是可承認的。事情在過去的半個世紀裡已經改變，我們對頭腦功能與行為的知識已經經過長期研究，而且真的有實證資料。既然我們已經知道了這些頭腦的機制、認知狀態與心智觀點的相關性，腦部掃描也開始出現在法庭裡，成為受到承認的證據，解釋某人為什麼會以特定的方式行動。可是這些掃描結果真的做得到這一點嗎？

大部分的神經科學家都不相信目前掃描有這樣的能力，因為當你判讀腦部掃描的結果時，你只是以許多人的頭腦總和平均為基準，指出這一個區域發生了什麼事。對於特定的人來說，掃描結果並不明確。這引發了另一個問題：為什麼它們會出現在法庭裡？我們很難不認為我們的文化裡確實有某樣東西，比科學家本身還相信掃描結果。然而律師和神經科學家都懷疑，這些掃描結果到底是比較接近證據，還是比較像是受到偏見影響的東西。同樣受到爭議的還包括沒有受過科學訓練的法官或是陪審團，是否真的能了解掃描結果有其限制，以及了解詮釋性結論的不可靠性。很多神經科學家都擔心當一個科學家走進法庭，展示一系列的腦部掃描圖片，然後解釋為什麼被告不應該為犯行負責，對於陪審團與法官會造成太大的影響。因為最近的研究顯示，如果在成人閱讀心理學現象的解釋時附上腦部掃描圖片，他們對於這些解釋的評價會比較正面，也會覺得這些解釋比較重要，就算這些圖片跟解釋內容完全無關也是一樣！事實上，如果提供腦部掃描圖，不好的解釋也比較容易被接受。[14]這看來當然是一個警訊，因為陪審員和法官可能會先入為主地相信呈現出來的東西是科學上絕對正確的，但事實上科學家在腦部掃描中判讀的，只是發生腦部活動位置的可能性計算，而且是以不同個體的頭腦活動平均值為基礎的。我們等一下就會講到這一點。重要的是要了解：人不能指著腦部掃描圖上的某一點，就百分之百肯定某個想法或行為是從這個區域所產生的。在讓學生判定假設性懲罰的遊戲中，如果學生先讀過一篇關於決定論的文章節選（準備好接受決定論），那麼和沒有讀過的人相比，他們判定的懲罰會比較輕。[15]因此我們開始相信，腦部功能會影響我們是誰，還有我們做的事。

神經科學現在影響的是法律的三個方面，分別和責任、證據，以及審判期間的受害者與加害人的正義有關。

責任

說到責任，法律是以這種簡單的模式來看頭腦：有一個所謂「實際的推論者」自由自在地在正常的大腦裡運作，產生動作與行為。個人的責任就是這種「實際的推論者」正常運作的大腦產物。腦可能會發生意外，受損、受傷、中風或是出現讓腦部功能無法正常運作的神經傳導失常，都會使得頭腦的能力消失，責任也隨之消失，這就是「可開脫」。特別是在刑事案件中，被告還必須有「犯罪意圖」，也就是確實的邪惡企圖。最近一個使用腦部掃描而改變了兩個死刑判決的例子發生在賓州。波拉在一九八三年因為兩件一級謀殺案而被判處兩個死刑，可是在二〇〇四年，也就是二十一年後，法庭允許腦部掃描做為可接受的證據，並且在一次重新審判的聽證會（因為起訴失當而必須舉行）上說服了陪審團波拉不適合死刑，因為他的前額葉有錯亂，使得他正常運作的功能消失。在撤銷第二個死刑的上訴中，相同的腦部掃描圖又被拿出來，但這一回卻用來宣稱波拉有心智障礙，加上神經心理學家的證詞，受理上訴的法官認為「相當有說服力」。[16]同樣的掃描圖，被接受用來證明兩種不同的疾病診斷。

很有意思的是，在指標性的二〇〇二年艾金斯與維吉尼亞州政府的訴訟案中，美國最高法院判定：對有心智障礙的人執行死刑，違反了美國憲法第八修正案，因為這種行為是酷刑、不尋常的懲罰。現在這類案件都是在艾金斯案後裁決的。主審法官斯卡利亞對艾金斯案的總結如下：

在喝了一天的酒又抽了一天的大麻後，上訴人艾金斯與共犯開車到便利商店，意圖搶劫一位顧客。受害者耐斯比是朗里空軍基地的飛行員，被他們綁架上車。接著他們開車前往附近的自動提款機，強迫耐斯比提款兩百美元，接著再把他載到一個荒涼的地區，無視他拜託他們不要傷害他的懇求。根據陪審團顯然採信的共犯證詞，艾金斯命令耐斯比下車，他才走了幾步，艾金斯就對他開了一、二、三、四、五、六、七、八槍，分別擊中他的胸廓、胸部、腹部、手臂，還有腿。

陪審團判決艾金斯死刑。重審時……陪審團聽到很多上訴人據稱有心智障礙的證據，一名心理學家作證表示上訴人有輕微心智障礙，智商為五十九，所以他是「學習遲緩〔兒〕」……表現出「幾乎在生活的所有方面都缺乏成就」……而且上訴人在了解自己舉動的犯罪性，以及讓自己的舉動符合法律的能力都「受損」……上訴人的家庭成員提供額外的證據，支持他有心智障礙的說法……州政府（起訴方）則質疑這些所謂障礙的證據，並提出一位心理學家提供的證詞，他發現「除了智商數字之外，沒有任何證據……指向〔上訴人〕有任何一丁點兒的心智障礙」，並提出上訴人「至少有平均智力」的結論。

陪審團也聽了關於上訴人過去十六件重刑判決的證詞，包括搶劫、意圖搶劫、綁架、使用槍枝，以及致殘……這些犯行的受害者都生動地描述了上訴人的暴力傾向。他曾用啤

> 酒瓶敲一個人的頭……用槍賞受害者耳光，用槍枝打她的頭，把她打倒在地上，接著再把她扶起來，好讓自己可以對她的腹部開槍……陪審團判決上訴人死刑。維吉尼亞州最高法院確認了上訴人的刑責……[17]

法官史蒂文斯為最高法院的多數意見執筆，論述有心智障礙的被告根本無法體會死刑的兩大主要正當理由，也就是嚇阻和懲處，因此這是酷刑與不尋常的懲罰。但他沒有提到死刑的第三個正當理由，也就是使其無行為能力。簡單來說，法律對懲罰目的既有的**想法**，是當時法律判決的根源。法律判決的基礎不是科學，也就是說被告因為腦部異常而能否形成企圖等等。這也形成了一個假定，任何人只要有任何程度的「心智障礙」，就沒有能力了解犯罪的「罪有應得」，或者了解社會認為的對錯。

腦部異常的故事還有其他問題，但最大的問題是法律作了錯誤的假設：並非一個腦部掃描有異常的人就會有異常行為，也不是腦部異常的人就自動無法行使行為責任。責任並不存在腦中，頭腦裡沒有任何一個區域或網絡是關於責任的。就像我之前說過的，責任是人與人之間的互動，是一種社會契約。責任反映的是從一個或多個「我」在社交情境中互動所出現的規則，而我們共同的希望就是，每個人都能遵守某些規則。腦部異常並不表示這個人不能遵守規則。上面的案例中要注意的是，加害者有做計畫的能力，會帶著執行計畫需要的物品，了解他們做的事並不是在大庭廣眾之下應該做的，並且能夠抑制他們的行動，直到抵達荒涼的地區才動手。

至於像精神分裂症這種異常神經傳導物質失調的例子，儘管逮捕的多數案子都和藥物有關，但精神分裂症患者正常服藥時，並不會有比較多的暴力行為，而且沒有服藥的患者被逮捕的機率，只有稍微高一點點。他們還是了解並且會遵守規則，比方說他們在紅燈的時候會停下來，也會拿錢給收銀員。你有精神分裂症，並不表示你的暴力行為的基準比例就比較高，也不代表你比一般人更可能犯罪。用精神分裂症來辯護，也許能幫助某一個案子中的被告，但也會使得另外一個案子裡的被告不當地獲釋。精神分裂症也會被用來當作誣告的證據。這樣的想法也會導致功利主義的做法，就是「在他們犯罪之前」，先把所有精神分裂患者都關起來。亨克利意圖刺殺雷根總統後，被精神病醫師診斷出精神分裂症，並以此做為他的辯護理由，最後他以精神失常為由獲判無罪。可是這個意圖是預先策畫的，他在事前做好計畫，這是良好執行功能的證據；他了解這是違法的，而且隱藏了他的武器；他還知道槍殺總統會讓他聲名狼籍。相同的錯誤假設也發生在左前額葉受損的人身上。他們的行動可能很古怪，他們以及他們的家人朋友都會注意到他們的行為改變，但他們的暴力比率只是從基準比率的百分之三，增加到百分之十一到十三。前額葉受損並不能用來預測暴力行為。沒有任何一個特定區域的損傷可以當作一個開關，讓暴力行為開始啟動。一個單一的案子並不能概括其他的案子。如果法庭系統的結論是，前額葉受損可以讓人為自己的行為開脫，那麼也許會讓有這類損傷的人利用自己的傷勢，做出一些在沒有這種現成藉口的情況下他們不會做的事。（太好了，我現在可以痛扁那個混蛋，然後說我的前額葉有問題就會沒事了。）或者所有前額葉受傷的人都應該被關起來，就和對待精神分裂患者的方式一樣。所以我們在思考這些事的時候必須小心，不要讓我們的好意被誤用。

證據

精神分析理論以及現在的腦部掃描圖是怎麼成為法庭上承認的證據？在美國，要讓科學證據在法庭上被承認有一套普遍性的標準。許多州遵守的是佛萊法則的「一般性接受」：「科學證據在科學技術、資料、方法都已經得到相關社群『一般性的接受』時，就是法庭可接受的。」[18]或者有些州遵守的是道伯—喬納—康荷案的「有效性」法則，*讓審理法官擁有「守門責任」，負責判斷科學證據與所有專家證詞，或是兩者的結合是否有效。法官會使用很多標準，例如一項理論或技術是不是可以曲解的，或者是否曾為同儕審查的目標等等，藉此分析專家證詞是否為好的科學。但是一個接受法律訓練的法官，真的能可靠地判斷科學證據是否有效嗎？

不論腦部造影應不應該被科學標準承認，它們都已經順利進入了法庭，而我們必須處理這些東西。以功能性腦部造影為基礎，大家愈來愈會以決定論的立場去思考頭腦，就算更近期的掃描結果在本質上是更符合統計學的，還是沒有改變這種情況，這點我們後面會再提。不論如何，功能性腦部造影檢查在法律訴訟中被當作證據引用似乎已經不可避免了，可是如果進一步地檢驗這種技術，我們應該就會對這些詮釋與期待產生懷疑。

一個腦袋全體適用？個體差異的問題

就像指紋一樣，每個人的腦袋也有些許的差異，有獨特的配置，而我們每個人的確都會以不同的方式解決問題。這對大家來說都不是新鮮事，而且個體差異在心理學的歷史也相當豐富，可是當腦部掃描開始發展的時候，這個事實卻被放到角落積灰塵了一段時間。得到漂亮的腦部掃描圖是一回事，但知道你看的東西到底是什麼，知道哪一個區域的功能是什麼，這個區域和腦部其他區域如何相關，以及如何在這一個腦袋裡找到上一個腦袋的特定結構所在位置，到現在都還沒有答案。每個人的磁振造影掃描結果都有非常大的差異，因為個人的腦部尺寸與形狀都不一樣，而且這些差別會造成切面角度的不同；除此之外，掃描儀的程式設計等等也都有影響。一九八八年，泰拉瑞區和托諾克斯公布了立體的等比例網格系統，用以辨識並測量所有的腦，無視這些腦之間的差異。這套系統的基礎概念是：深藏在頭腦結構之下、無法從表面上看到的大腦各個部位，能夠以其與「腦表面兩種可輕易辨識的特徵」的相對關係加以定義，這兩個特徵就是「前聯

*聯邦證據規範標準第七〇二條。

體和後連合」。利用這兩個解剖學上的指標當作標準，就能在「標準泰拉瑞區空間」中，描繪出磁振造影與正子斷層掃描得出的個別腦部造影。利用他們的地圖，就能推論出位在腦部特定位置的組織為何。

然而這種方法是有限制的。泰拉瑞區很快就指出，他在建構標準空間時所參考的腦（一名六十歲已故法國女性的腦）比平均的腦還要小，而「因為頭腦尺寸的差異，尤其是在終腦*的部分，這種方法只對於這樣的頭腦是**準確**有效的。」[19]換句話說，他的意思是，這種方法只對尺寸小於平均的那個六十歲的法國女性的腦是準確的。此外在比較不同的腦的時候，「正常化軟體」會被用來旋轉頭腦、調整大小，也許還會彎曲腦的形狀，好讓腦符合標準版型。這個軟體一開始會先把腦部造影裡每個人都很不一樣的腦溝（大腦表面的深溝）撫平，這麼一來，關於腦溝的資訊細節就會喪失，而且也無法得到一致的腦溝位置。因此某個區域落在哪一個位置的坐標都只是可能的，確切的位置會依照每個人的情況有所不同。所以在任何一個腦中的任一腦部處理過程發生的位置也都只是可能的，是不精準的，但這卻是目前在不直接檢查腦部的情況下所能使用的最好方法。這是神經科學自己的小小測不準原理！

為了透過造影為腦部的**運作**建立一套標準，雜訊比（signal to noise ratio）成為所有腦部訊號中的關注焦點，而它必須夠高才能顯示特定區域發生了一種特定反應。為了做到這一點，密樂和他在達特茅斯學院的同僚掃描了二十個人的頭腦，再把這些個別的腦部掃描圖畫成一個結構，並且把所有的訊號都加到這個平均後畫出的腦。會持續出現訊號的區域，也許就能可靠地被辨識為不同的個體在進行此項任務時，都會發生活動的區域。可是如果大部分關於腦部運作的資訊都來自這樣的團體平均值，你要怎麼做才能得到個體的資訊？你要怎麼知道法庭上被告的頭腦怎麼運作？舉例來說，如果你觀察一組人進行「記住曾看過的東西」這類記憶任務時的團體腦部地圖，會發現十六位受試者的平均結果顯示，左前區域和這類的記憶任務有高度相關性。[20]可是當你個別看這些人的腦部地圖時，會發現前九名受試者裡，有四名在那個區域根本沒有活動。如果你把這些受試者六個月後再找回來，要他們進行相同的任務，他們的反應模式會一致，但是個別的變動還是很高。所以你怎麼能把團體模式套用在個人身上？

另外，我們頭腦連結的方式也各有不同。腦中長久以來都被科學界忽略的白質，是連結神經元結構的廣大纖維網絡。頭腦處理資訊的方法，會依照這些纖維連結的方式而定。擴散張量磁振造影可以觀察到個體在連結方面的差異，而且結果證明這樣的差異非常大。[21]我們利用擴散張量磁振造影發現，一個人的胼胝體連結方式，可能和另外一個人截然不同，這是我們第一次經由在實驗室裡的研究得到這方面的證據。我們參考的是兩個處理過程：一個處理過程是我們知道會出現在右腦的，也就是在空間中旋轉一個物體；另外一個處理過程是出現在左腦的，也就是為物體

---

*大腦的前區，是由大腦皮質、嗅球、基底核以及紋狀體所組成的。

命名。比方說，如果我給你看一艘倒栽蔥翻過來的船，在你說出它的名稱之前，你的右腦會先把它轉正，接著你會把轉正後的訊號送到左腦，左腦知道了這個物體的名字，然後你才會說出來（「喔，是船。」）。我們注意到的是，有些人在這方面的反應很快，有些人比較慢。我們發現比較快說出名稱的人，是用他們的胼胝體來傳送資訊，反應比較慢的人則是用另外一個完全不同的部分讓資訊抵達他們的語言中心。所以我們接著認為，也許解剖學上的差異可以解釋這個現象。結果發現這些人在胼胝體不同部位的纖維數量天差地遠，而且他們處理這個問題的路徑也有天壤之別。[22]這也許證明了要在一個司法情境中掌握所有差異，用以支持或反對一個案子是不可能的。

太小、太快，但要小心！

目前反對在法庭中利用掃描圖的理由十分充分，幾個原因如下：㈠如我所描述的，每個人的頭腦都不一樣，所以要判斷一個人的活動模式到底是正常還是異常是不可能的。㈡心智、情緒，以及我們的思考方式一直在改變。在掃描當時測量到的東西，並不能反映犯罪當時的情形。㈢頭腦對很多可能改變掃描結果的要素都很敏感：咖啡因、菸草、酒精、藥物、疲勞、策略、月經周期、併發症、營養狀態等等。㈣人的表現並不一致，大家每天對任何任務的表現都可能有高低起伏。㈤腦部造影是受到偏見影響的。一張照片就會創造臨床必然性的偏見，而且實際上根本沒有這種必然性存在。有很多確切的理由可以證明為什麼在我寫下這段文字的二〇一〇年，雖然科學讓人信心十足，但是腦部造影目前仍舊不夠好，比較可能被誤用，而非被正確地使用。可是我們一定要記得，神經科學界與新的技術一直都以日新月異的速度在改變，使我們能更了解我們的頭腦和行為。我們必須為未來可能來臨的事做準備。

未來可能來臨的事，基礎就在美國刑法和普通法的中心原則裡，也就是柯克爵士的「犯罪意圖」格言：使人有罪的不是行為，而是要在心智上也同樣有罪。你需要有罪的心智。「犯罪意圖」必須展現出四個部分：㈠為了有意識的目的而進行明確的作為，或為了造成一個明確的結果採取行動（有目的性）；㈡意識到此人的作為有特定的本質，比方說，好或壞、合法或非法（知識）；㈢有意識地忽視實質的與不合理的風險（輕率）；㈣創造出此人原本就應意識到的實質或已知的風險（疏忽）。這四個部分各有一個經過深入研究且依舊還在研究中的腦部機制。「有目的性」牽涉到腦的企圖系統，「知識」和「意識」涉及腦的情緒系統，「輕率」和回饋系統有關，「疏忽」則與尋求快樂的系統有關。目前對於造成「犯罪意圖」問題的這些區域的了解已經相當多。

在你知道之前就做好了？

如同我在前面的章節裡提過的，利貝特和孫俊祥揭開了頭腦在潛意識層面裡做的許多工作，並顯示一項決定其實可以在受試者有意識地決定前好幾秒就預測得到。關於企圖的研究已經愈來愈有意思，而且有一些很令人驚訝，有違我們直覺的發現。如果你找一個正常人，以低速率刺激他的右頂葉，受試者會感覺自己有一個有意識的企圖（我要舉起手）。如果你用較高的速率刺激頂葉另一個稍微不同的區域，受試者會意識到動作，但實際上根本沒有肌肉動作；換句話說，受試者什麼都還沒做，但是他相信自己已經做過了（「我已經舉過手了。」啊……你沒有喔）。[23]可是如果你刺激的是前額區，他就會進行多關節運動，但自己完全沒有意識到這件事！從這些研究中看來，發號施令其實是潛意識，而不是有意識的腦。不過等一下！當這些研究把焦點放在企圖的「什麼」還有「什麼時候」，布瑞思和哈格德卻開始研究企圖的某一個方面，而且很奇怪的，這個方面一直都被忽略了：「是否」[24]執行這個企圖，可以有意識地在無意識的泡沫上踩煞車。他們的資料顯示，背側前中皮質有一個特定的區域和一種自我控制[25]有關，而且這一區和運動準備區間的連結也已經找到了，顯示這種自我控制是透過調節與運動準備有關的腦部區域而達成。[26]關於背側前中皮質的活化與抑制行動的頻率間的相關性，每個人都有個體差異，並暗示了自我控制有與特徵相似的傾向。他們提出，這是一個由上往下的處理過程範例，一個心智狀態會影響下一個，以此反駁強硬派的決定論者。

我們覺得是「自願」的行動其實有許多要素，可以分離成不同的腦部區域，而且每一個都可以被指認出來。現在可以了解的是，當腦部掃描被拿到法庭上時，如果發現這個人從企圖到動作的通道上有任何地方受損，他們就可以依此宣稱這個人的腦到底是不是正常運作。可是掃描圖其實根本無法證明這個腦到底是正常還是異常。

讀心術

心智狀態對於判斷有罪或無罪很重要。在未來，隨著對心智狀態的知識愈來愈豐富，關於這方面的說法也會受到更加嚴格的檢視，除了會強烈地影響我們對自己的了解，也會改變法律處理這種日益增加的知識的方式。**讀心術**，也就是確實地偵測到心智狀態，是一個燙手山芋。老派的讀心把戲就是測謊，傳統上使用的是出了名不可靠的測謊機，除了在新墨西哥州的法庭之外，美國根本沒有其他地方的法庭接受測謊結果。現在還有些用腦電圖技術的新玩意兒被承認是證據。艾荷華州法庭在二〇〇一年接受腦指紋，*二〇〇七年印度的法庭則在兩名殺人嫌犯接受測謊結

---

* 哈瑞頓控告州政府案（Harrington v. State, 659NW 2nd 509），二〇〇三年艾荷華州最高法院。

果為正面後，同意他們接受腦波測謊系統測試。這項測試的正面結果在二〇〇八年印度普那的審判中被接受為證據，*使得一起謀殺罪被定罪。由諾賴磁振造影公司和西普霍斯公司開發的使用功能性磁振造影掃描的新方法尚未在法庭中出現。很多批評者都表示，目前還沒有足夠資料可以宣稱這些方法是可靠的。沒有一種測試是絕對正確的，而且在特定數量樣本中，一直都出現某個比例的偽正面測試與偽負面測試結果，這是判斷測試結果的正確度的方法；如果在一千次測試中只有兩個偽正面結果，這項測試才能夠信任，不應該是有兩百個偽正面結果。對於上述的測試來說，偽正面與偽負面測試結果的基準比例尚屬未知。維吉尼亞大學法學教授舒爾[27]認為這些測試還不夠成熟，並且提出：科學假定法律和科學的標準是相同的，但其實並非如此。他指出，法律的目標和科學的目標截然不同：檢方的責任比較沉重，要在合理的懷疑之外進一步證明被告有罪，就像科學需要可靠的資料一樣；然而被告方只要提出合理的懷疑就可以（某些測試也許就能提出這樣的結果），卻無視這些內容不一定可靠的事實。他也指出，重視自身利益的目擊者的可靠度與可信度也同樣不佳。目前判斷目擊者是說實話或說謊的是法官和陪審團，但是一般人辨識騙子的能力根本和隨機的結果沒有兩樣。[28]

另外一種可能會受法庭檢視的心智狀態是「痛」。好的偵測方法可以將裝病者和其他真的受到侵害、因殘疾所苦，以及接受工傷賠償的人分開。在缺乏外顯跡象的情況下偵測有意識的心智狀態，也是最近研究中很活躍的一個領域，而且會用來判斷是否拆除病患的維生系統。儘管目前還沒有偵測這類心智狀態的可靠技術，有一些跡象已經出現。

這方面的倫理與法律問題自然非常龐雜：進行這類的測試是否相當於做出對自己不利的證詞？警察可以取得讀你的心的搜索票嗎？這是不是侵犯了隱私權？法庭對拒絕被讀心的人，又會採取什麼樣的立場？等到這種測試變得可靠的時候，是不是所有和痛覺評估案件有關的兩造雙方和目擊者等人，都應該被要求接受測試？

法庭裡的偏見：法官、陪審員、律師

最高法院法官甘迺迪曾經說過：「法律做出一項承諾：中立。如果這項承諾被破壞了，那麼我們所知道的法律將不再存在。」但中立真的有可能嗎？

當戰爭電影裡的士兵描述敵人長得都很像，會讓講求政治正確的人怒髮衝冠。但這也反映了每個人的頭腦裡（包括那些政治正確的人），都會出現兩種有意識的大腦處理過程，而這樣的處理過程可能就會在法庭審判中造成偏見。一種是「自我種族偏見」現象，涉及對人臉的記憶，而且七十多年來在心理學文獻中已經被廣泛研究過。和辨識其他種族的臉孔相比，人比較能正確辨

* http://lawandbiosciences.files.wordpress.com/2008/12/beosruling2.pdf

識自己種族的臉部樣本，這種現象和偏見的程度無關。在多元族群的國家裡，我們辨識自己種族臉孔的能力會顯著減弱。事實上，在過去二十年裡的研究顯示偽正面辨識的情況已經增加：也就是將某人錯認為過去見過的人，但事實上並沒有見過這個人。[29]這對法庭來說非常重要，因為這樣會導致錯誤將某人指認為犯罪者。一九九六年美國司法部的報告指出，在定讞後又因為後續DNA分析而翻案的案件裡，百分之八十五都是目擊者錯誤指認的結果。[30]影響辨識其他種族正確度的原因是「研究時間」，因為判讀臉孔的時間變短，誤認也變多，而目擊者對臉孔通常也只是驚鴻一瞥。準確度也會受到目擊犯罪與目擊嫌犯間的時間差而影響。

這種現象會被專家證人與被告律師在法庭中用來質疑跨種族辨識的效力。儘管有很多關於自我種族偏見的理論，不過簡單來說，這和觀察者面對和自己同種族的臉孔相對於看到跨種族臉孔的頻率有關。在東京長大的白人小孩辨識亞洲臉孔的能力會比在堪薩斯州的白人小孩好。因為感知方面的專門能力發展和右腦有關，而辨識他人臉孔也是其中一項能力，所以我的同僚之一，阿伯丁大學的特爾克想知道，右腦處理自己種族臉孔的能力是不是也比較優越。他已經指出，雖然右腦一般而言辨識臉孔的能力比較好，而且辨識自己種族的能力也比辨識其他種族好，不過左腦在這方面的能力並沒有比較差。處理自我種族偏見的過程位在右腦，[31]而既然這種偏見有神經生物學的基礎，緊接而來的就是發展出用來詢問目擊者與未來的陪審員的強大工具。這就是神經科學影響證據的本質，繼而最終影響法律的另一個例子。

另外一個可能使得審判帶有偏見的潛意識腦部處理過程，就是團體外成員的非人化，這是哈麗絲和費絲珂的研究主題。[32]她們發現美國受試者看到某些社會團體時，會根據團體的身分而引發不同的情緒。他們的情緒包括嫉妒（看到有錢人）、驕傲（看到美國奧運選手）、憐憫（看見老人的照片），而這些情緒都和在社交場合會有活動的腦部區域有關（中前額葉皮質區）。然而嫌惡的情緒（看見吸毒者的照片）卻不是這樣。看見會誘發嫌惡情緒的社會團體的照片時，受試者中前額葉皮質區的啟動模式和看見岩石之類的物體的時候一樣。這顯示誘發嫌惡情緒的團體成員，也就是極端的團體外的成員，是不被當做人看待的。這就是戰爭時的情況：敵方團體的人會誘發嫌惡感，除了不被當成人以外，還會被貼上「可蔑視」的標籤。陪審員、法官、律師都會對某些人有潛意識的神經反應，這種反應對他們的行為也會有強烈的影響，可能還會改變對一個人的評價。司法系統已經注意到此類研究的發現，而且不會對這種潛意識的偏見視而不見。律師在選擇陪審員的時候都會注意是否會有偏見，而且那些被選上的人也都會被法官警告要預防偏見產生，希望藉此能訴諸頭腦由上往下的處理過程。

確定有罪：要不要懲罰？

如果你當初以朋友的身分來找我，那麼傷害你女兒的這個雜碎今天就會備受折磨。

——《教父》

然而在這麼複雜的法庭系統中，走到判決這一步之前的訴訟還算是簡單的了。大部分受審或認罪的被告都是犯罪行為者。在確定被告有罪後，下一步就是判刑。這才是困難的部分。你要怎麼處理已知在道德上錯誤卻仍故意犯行傷人的罪人？在美國，如果你是刑法案件的加害人，你會面臨「懲罰」，而如果是民事案件，目的則是讓加害人補償受傷害的一方。法官會檢視所有的減輕因素與促成因素（年齡、犯罪前科、罪行嚴重程度、疏忽或刻意、無法預期的或可預期的傷害等等），考慮判刑準則，接著做出決定。

這樣的決定應該要能伸張正義，而這就是問題所在。正義是一個道德正確的概念，但是對於道德正確的基礎卻從來也沒有共識：倫理（懲罰應該和犯罪相當，符合報復的概念，或者應該要為了大多數人更大的福祉，符合功利主義？）、理性（懲罰或是治療會帶來比較好的結果嗎？）、法律（人為了維持在社會中的位置所同意遵守的一套規則）、自然法則（行動會導致結果）、公平（基於權利？基於平等或功過？基於個人或社會？）、宗教（基於哪一個宗教？），或是公正（讓法庭對於判刑有裁量權）？然而法官還是試著做出恰當的判決。加害人應該被懲罰嗎？如果是，那麼懲罰的目標應該要以報復（懲處）為基礎，注意個人的權利，或是要以改革與嚇阻為中心來考慮對社會的益處，還是要著重對受害者的補償？這種決定會受到法官本人對正義的信念所影響，通常可以分成三類：報復式正義、功利正義，以及積極進取型的修復式正義。

報復式正義是往回看的。人會依照他所犯的罪受到等比例的懲罰，讓個體罪有應得，而目標就是懲罰。關鍵變數是這項犯罪行為違背道德的程度，而不是這項懲罰對社會帶來的好處。因此人不會因為偷CD播放器而被判無期徒刑，也不會為殺人罪被判一個月的緩刑。如果人被判定是瘋子，就不會被懲罰。懲罰只著重在個體應該為自己的犯罪行為所付出的代價，不多也不少。直覺上這好像是公平的，因為每個人都平等，也會接受同樣的懲罰。你不會為了你沒有犯的罪而被懲罰，你不會因為你比較有錢而罰金就比較高，或是你比較窮罰金就比較低。不管你是誰，你都應該接受同樣的懲罰。你不會因為你有不有名、你是黑人或白人或黃種人，而被判比較重的刑。這並沒有以社會整體福祉納入考量的一部分。報復式正義的懲罰目的不是為了嚇阻他人、改變加害人，或是補償受害者。這些可能會是隨之而來的副產品，但不是目標。懲罰的目的是傷害犯罪者，就像受害者被傷害一樣。

功利正義（結果論）是向前看的，關心的是對犯罪個體的懲罰將對未來社會整體帶來的好處。隨之而來的是對個體的三種懲罰，第一種懲罰會具體嚇阻未來的加害人（或是其他可能仿效的人），可能是罰金、拘役或是社區服務。第二種是使其無行為能力。「使其無行為能力」可以透過地理區域辦到，例如長時間監禁或是驅逐出境，這也包括取消律師資格及其他吊銷執照的判決；也可以透過物理手段達成，例如死刑或是將強暴犯化學去勢。第三種的功利正義是透過治療或教育讓罪犯改過自新。而要決定選擇哪一種方法，則要考慮再犯的可能性、衝動程度、犯罪紀錄、倫理（可以強迫不願意接受治療的人接受治療嗎？）等等，或是以規定的判刑標準為準。這又是神經科學可以有所貢獻的領域。預測未來的犯罪行為與功利的判刑決定的關係密切，不論決定是治療、緩刑、非自願地交付精神病院管理或是拘役都一樣。神經元標記有助於辨認精神病患、性侵犯、衝動者等等，配合其他證據就能預測未來行為。這類預測的可靠度顯然很重要，記得這點，而且功利正義是為了人還沒有犯下的未來罪行懲罰人，能使傷害性的錯誤減少，也可能增加。

功利正義也可能為了嚇阻其他人而懲罰一人，但懲罰的嚴厲程度可能與實際的犯行不相當。偷竊CD播放器的小偷可能會被判處重刑以殺雞儆猴。因此，名人或是受到矚目的案件的犯罪者可能就會被判重刑，因為他們的知名度也許能嚇阻未來的犯罪行為發生，為社會帶來益處。從功利主義的角度出發的論調讓人認為對比較常見的輕微犯行判重刑是合理的，因為這樣能增加嚇阻的效果。對於超速與酒駕的初犯者處以徒刑，能挽救的生命也許比嚴懲被定罪的殺人犯還要多。極端的情況也可能是受到懲罰的人根本沒有做，只是被大眾認為有罪。無辜的人可能會被當成代罪羔羊而被捕，他們被監禁只是為了節省維持治安者的心力或是避免暴動產生，這是為了大局著想。這就是為什麼功利正義會有冤獄，可能違反個人的權利，也許並不會被視為是「公平」的。

修復式正義則將犯罪視為有害個人而非國家的行為。雖然遠古的巴比倫、蘇美、羅馬文化都把關注焦點放在個人身上，不過當北方的諾曼民族在一〇六六年入侵大不列顛後（這個日期是不是在高中就進入了你的腦海？），一切都改變了。致力於中央集權的征服者威廉認為犯罪是對國家的傷害，而受害者在司法系統中是沒有地位的。這樣的觀點也可以看成確保刑事訴訟的中立性，避免復仇性的、不公正的懲處，而這種觀點一直到二十世紀晚期都一直是美國法律最顯著或最主導的特色。一九七四年，加拿大安大略省基臣納地區一名門諾派假釋官和一位服務督導志工成立了一個討論團體，希望能找到改進刑法系統的方法，於是修復式正義的近代版就此誕生，現在還出現了各種不同的版本。這種方法著重的是受害者和加害人雙方的需求，試圖修補對受害者造成的傷害，讓受害者再度完好，並且企圖讓加害者可以在社會上遵守法律。

修復式正義認為加害人應該直接對受害者與受到影響的社區負責，要求加害人在可能的範圍內讓事情再度完好，允許受害者在矯正過程中表達意見，並且鼓勵社區要求加害人負責，支持受害者，並且為加害人提供重新融入社區的機會。[33]受害者、加害人，以及社區都扮演著主動的角色。犯罪的受害者通常都受困於他們的恐懼，並在接下來的生活中遭受負面影響，就像本章開頭提到的玟森一樣，而且可能整個社區都是這樣。以規模比較小的犯罪而言，面對面的道歉與補償通常就足以舒緩受害者的恐懼和憤怒。修復式正義對於嚴重的犯罪也許並不可行。

我們天生就是法官和陪審團

雖然法官、陪審團、律師都很有可能將自己的立場歸因於各種因素，而且當中很多都是與多年來的教育和哲學討論等等類似的東西有關，但是一如往常，大部分在法庭發生的事，都是我們從寶寶工廠出廠時就有的直覺，包括公平、互惠、懲罰在內。貝拉潔恩和同僚深入研究了一群嬰孩，顯示公平的感覺不只出現在二歲半小孩的身上，也出現在十六個月的小孩身上。如果要年紀比較大的團體把糖果分配給擬真的玩偶時，他們會平均分配，[34]而十六個月大的嬰孩會比較喜歡平均分配獎賞的卡通人物。[35]我們天生就有互惠性，但只有在我們的社交團體內會這樣。學步的嬰孩會預期團體成員一起玩、一起分享玩具，[36]而且如果沒有這樣，他們就會很驚訝。但如果隸屬不同團體的成員不分享東西，他們就不會驚訝；如果不同團體的成員會分享東西，他們反而會覺得驚訝。

在湯馬斯洛的實驗室裡，學步的嬰孩不只能辨識出違反道德者，還會對他們有負面的反應。一歲半到兩歲大的小孩會幫助並安慰違反道德的行為下的受害者，也會和他們分享物品，就算沒有明顯的情緒線索，他們還是會這樣做。但對犯罪者又是另外一回事了。違反道德者會引起嬰孩出聲抗議，他們也比較不願意幫助與安慰這些人，不願意和他們分享。[37]小朋友也了解企圖，並且會判斷有企圖的違反規則是「不乖」，但不小心違反就不算。[38]大家都知道成人會願意讓自己受苦以懲罰他人，不過布魯姆的研究室裡一項即將發表的研究發現，連四歲的小孩都會這樣。[39]我們隨時都會感覺到這種衝動，我們試著想出偉大的理論來解釋這些衝動，但我們其實就只是天生如此。

不要嘴硬

大家口頭上說自己對懲罰的信念與實際上的行為都是兩碼子事，而且他們不太能有邏輯地解釋原因。我們之前就碰過這種事，不是嗎？解譯器又回來解釋直覺判斷了。心理學研究生卡爾史密斯與指導教授達利對此很好奇。當人被要求為自己貼上支持報復主義或支持嚇阻主義的標籤時，他們的答案各式各樣，而且會把自己畫入其中一個團體，或是認為自己屬於第三個團體，幫自己貼上「混合型」的標籤。可是這些個別差異只會稍微影響他們的懲罰性行為，而懲罰通常都是報復主義型。他們發現，如果人要對一項犯行施予假設性的懲罰，百分之九十七的人會尋求與報復性觀點相關的資訊，而非從功利主義的觀點來看（使其無行為能力或嚇阻）。[40]他們對於犯行的嚴重程度很敏感，而且會忽視這個人是否會再犯的可能性。他們懲罰的是已經做出的傷害，不是未來可能會做出的傷害（嚇阻）。在實驗人員仔細向受試者解釋，要求他們只從功利主義的角度來看，忽視報復的因素後，他們的行為卻還是一樣，還是會用犯罪行為的嚴重程度來決定他們的判斷。[41]當他們被迫採取功利主義的角度時，對自己的決定會比較沒有自信。如果要他們分配追捕加害人與預防犯罪的資源時，他們倒是非常支持功利主義的預防犯罪措施。所以雖然大家贊成減少犯罪的功利主義理論，但他們並不想透過不公正的懲罰來達到這個目的。他們想讓人罪有應得，但前提是這個人已經先犯了罪。他們想要自己是公平的。「大家希望懲罰可以使人無行為能力，並且嚇阻他人，但他們的正義感要求刑罰與犯罪的道德嚴重程度必須成比例。」[42]（就算是天主教教會在這方面都有顯著的差別待遇：貪贓枉法類型的罪在煉獄中的懲罰較輕，但殺人罪會讓你直接下地獄。）這種對公平的追求也可以從大家讀過決定論後，做出的假設性懲罰較輕看得出來。如果加害人不用對自己的行為負責，那麼他們就不應該接受嚴厲的懲罰。

可是大家對於自己決定的懲罰所做的解釋並不符合他們的實際行為，他們會抽象地支持功利主義，實際上採取的卻是報復主義。[43]卡爾史密斯和達利指出，這種缺乏洞察力的現象會導致變化無常的立法。比方說，百分之七十二的加州選民支持當地實施的三振法，如果一個人三度犯下重罪，就會被判處無期徒刑，這是功利主義型的做法。幾年後大家發現，這可能表示偷披薩也會造成「不公平」的無期徒刑，於是這個法案的支持率就降低到百分之五十以下，因為他們覺得從報復主義者的角度來看，這樣是不公平的。因為這種極為直覺性的「罪有應得」的衝動，研究者認為如果要考慮聽起來很有吸引力的修復式正義，市民面對重大犯罪時是否真的會接受這種沒有懲罰的單純修復措施，是值得懷疑的。如果人可以選擇把案件分配給不同法庭體系，分別是只有修復式正義，只有報復式正義，或是兩者結合的體系，百分之八十的人會把輕微的犯罪送到修復型法庭，而只有百分之十的人會選擇把重大犯罪送入修復型法庭，百分之六十五的人選擇混合法庭，百分之二十五的人選擇報復式法庭。看來我們對於懲罰有相同的道德反應。如同我們在上一章裡看到的，在其他道德系統裡，唯一不一樣的不是我們的行為，而是我們解釋自己為什麼有某種反應的理論。

如果法官相信個人要對自己的行為負責，那麼不管是報復型的懲罰或是修復型的正義都很合理；如果法官相信嚇阻是有效的，或者相信懲罰可以把壞的行為改正成好的，或者相信有些人是無可救藥的，那麼功利主義型的懲罰就很合理；如果法官站在決定論的立場，那麼他就得做出一個決定：他關心的重點到底是㈠重視加害人的個人權利，而且因為加害人無法控制自己早已被決定的行為，他就不應該被懲罰，但也許應該在可行的情況下接受治療（不過不能違反他們的意志？），或者㈡重視受害者獲得賠償的權利以及受害者可能有的任何決定論的報復性感受，或者㈢重視社會的大我利益（可能不是加害人的錯，但還是要把他們趕出街頭）。

太陽底下沒有新鮮事

照耀雅典的太陽（因為是雅典，所以我們就把太陽當成阿波羅這位男性）想必打著哈欠，翻著白眼……「他們搞定這回事了沒？一個世紀又一個世紀，我老是聽見同樣的老論調爭論不休。」亞里斯多德認為，以公平對待個體為基礎的正義會帶來一個公平的社會，但柏拉圖則看得更宏觀，認為對社會的公平是最重要的，個案的判斷應以社會的公平為目標。這又回到了在西方思想和東亞思想間看到的二分法：我們應該要注意什麼？個體還是群體？

這兩種思維方式也帶我們回到電車問題：情緒狀況和比較抽象的狀況。在法庭面對加害人個體，決定要不要懲罰他們是一種情緒主張，因此會誘發直覺的情緒反應：「把書丟到他們臉上！」或是「可憐的傢伙，他又不是故意的，放過他吧！」最近一個功能性磁振造影[44]研究要求受試者在假設性的案件中判斷責任歸屬與決定懲罰，結果顯示和情緒有關的腦部區域會在判定懲罰時啟動，而懲罰愈嚴厲，活動就愈多（就像報復一樣，犯行違反道德的程度愈大，懲罰就愈嚴重）。在「最後通牒」的經濟遊戲中判斷懲罰時，受試者背外側前額皮質的區域會介入，這和在進行第三方的司法決議時會用到的區域相同。這些研究者認為，「我們現代的法律系統的演化基礎，可能是在兩人互動中支持與公平相關的行為的既有認知機制」。如果在具有社交意義的情況中，個體間的關係（例如配偶）真的有一種演化連結，那麼我們在面對個體時會訴諸公平的判斷而非結果論就是很合理的。但是當我們面對的是公眾利益這個抽象的問題時，我們就會把情緒反應拋諸腦後，轉向比較抽象的結果論者思維。

哲學家麗查絲這麼表示：

> ……很多人都接受「自由意志與最終責任的爭論，確實顯示沒有人真的罪有應得」……若是如此，認為罪有應得的報復主義者就站不住腳，而只有站在結果論者的基礎上，懲罰才說得通，那是為了嚇阻反社會行為的必要手段。
>
> ……如果我們了解到，我們希望直接或間接傷害我們的人受苦是有很好的演化上的理由，那麼就能說明我們對於報應的適當性的強烈感覺，而不是假定這種感覺是通往道德真理的指南針……我們也許能夠承認，這種報復主義的感覺是我們個性中深層且重要的

一個面向，並只要認真看待它們到這樣的程度就好，不須認為它們是通往真理的指南針，而是以此一理解為基礎，開始重新思考我們對於懲罰的態度。[45]

不過她也接著說，她完全不知道該怎麼做到這一點。

微妙的平衡：社會能夠文明化，而且接受懲罰嗎？

這個系統沒有懲罰也能成功嗎？這是堅定的決定論者，柏克萊法學院教授卡迪什所提倡的立場。他曾經寫過：「責怪一個人就是表達道德批評，如果這個人的行動不應該受到批評，那麼責怪他就是一種錯誤；而到了責怪這個人使他因而受傷的程度時，對他就是不公正的。」事實上，這種立場可以解釋為是來自於報復主義者的觀點。如果一個人不能控制自己決定論者的頭腦，那麼他就不應該受到懲罰，這是報復主義者的說法。同樣的，在一九四五年哈洛威控告美國的案子中，法庭最後的決定也是如此：「懲罰一個缺乏理性能力的人，就和懲罰一個無生命的物體或是動物一樣是不敬的，也是不值得的。一個沒有理性的人不是可以責怪的對象。」簡單地說，意思是懲罰一個不值得懲罰的人是不公平的。而「原諒」是一個可行的概念嗎？一個讓原諒勝過當責與懲罰的社會還能夠運作嗎？這樣的系統會成功嗎？

如同我在上一章提過的，我們人類和其他物種不同，演化出了與無血緣關係的他人大規模合作的模式。要從演化的觀點來解釋這件事一直都很困難，因為和他人合作會讓自己付出代價，而且還會讓非親屬獲益，對個體層面來說根本不合理。這怎麼會是一種為了成功而執行的策略？原因是，這麼做以團體層面而言是合理的。我們在「最後通牒」遊戲中看過，就算只有一個回合，人都寧願付出個人的代價來懲罰那些不合作的人。理論模型與實驗證據最後都顯示，在缺乏懲罰的情況下，如果有不勞而獲的人存在，大小團體內都無法維持合作關係，而且還會崩解。[46]為了合作求生，不勞而獲的人一定要被懲罰。如果你把當責從這個網絡中拿掉，那麼一切都會分崩離析。你能不能在沒有懲罰的情況下負起責任呢？顯然我們的基因體認為這是重要的。我們能不能，或者應不應該超越它？在分錢的經濟遊戲中，懲罰不勞而獲者或是那些不遵守社會團體已接受的規則的人，讓我們再度回到湯馬斯洛關於人類自我馴化的理論：以「使其無行為能力」做為懲罰（不管是透過殺死或是驅逐此人），會讓我們比較合作的傾向被選擇。如果我們不讓加害人失去行為能力，那麼不合作的人會不會就占了上風，使得社會分崩離析？

這些問題來自於對「我們是誰？」較物質性的理解，而這樣的理解反過來也會影響我們如何思考這些問題。兩面都有各自的問題。

社交互動讓我們有選擇自由

我的主張是，責任說到底就是兩個人之間的一種契約，不是頭腦的一種特質，而且決定論在這個情境中沒有意義。人類的本質會維持一定，但是在社交世界中，行為是會改變的，潛意識的企圖是可以踩煞車的。我不會因為你咬了一口我的餅乾就朝你丟叉子。一個人的行為會影響其他人的行為。我看到公路巡邏警察從匝道開過來的時候，我會檢查我的時速表，然後減速。就像我在上一章說過的，重點是我們現在知道我們必須要看整體，在整體中和其他的腦互動的一個腦，而不只是看單獨的一個腦。

可是不管他們的情況如何，大部分的人類都能遵守規則。犯罪者也可以遵守規則，他們不會在警察前面犯罪，他們在警察經過時可以抑制自己的企圖，他們已經以自己的經驗為基礎做出選擇。這才是讓我們成為負責任，或是不負責任的「我們」的東西。

第七章　後記

我記得在幾年前看過一支讓人印象深刻的ＢＢＣ紀錄片，內容很簡單，講的是一名資深ＢＢＣ記者前往印度，決定去看看一位印度老朋友。隨著影片進行，攝影師和記者來到一座在山邊的貧民窟，穿梭過滿地糞便與髒污的巷弄，最後終於抵達他朋友大約只有六平方公尺的家。在那裡的他面帶微笑，心情愉快地看著他從英國來的朋友。他和妻子與兩個小孩居住的這個家，似乎也是他的工作地點與店面。他賣的是小孩的網球鞋，會發光的那種。儘管空間這麼小，但他們就是有辦法在這裡搞定一切。當攝影師終於快受不了這裡的氣味，恨不得奪門而出的時候，這位有尊嚴的印度人拿了一雙鞋給他的英國朋友，要他帶回去給他的小孩。他們身處於西方人口中這麼窮苦、悲慘的環境中，但人與人的交流卻超越了一切——這一刻，正是定義「我們是誰」的時刻。我們都珍惜喜愛的，就是這種身為「人類」的高貴，而且我們不希望科學奪走這一點。我們想感覺自己的價值，以及他人的價值。

我一直試著說明的是，對於生命的本質，對於頭腦與心智更完整的科學理解，並不會侵蝕我們所珍惜的這個價值。我們是人，不是頭腦。我們是自大腦突現的心智與其他大腦互動時產生的抽象概念，我們就存在於這樣的抽象概念中。可是在面對科學時，這樣的抽象概念似乎逐漸消失，於是我們極度渴望想尋找一個能描述我們究竟為何的詞彙。我們一直很好奇這一切是怎麼運作的。環繞著所有科學的巨大決定論觀點，似乎導向一個比較黯淡的看法，認為不論我們怎麼加以裝飾，我們終究只是某種機器，只是宇宙中物理上已決定的力，是比我們巨大的力的某種自動化、沒有心的載體。我們每一個人都不寶貴，我們都只是棋盤上的一兵一卒。

為了脫離這樣的兩難題，常見的方法就是忽視它，說些生命的現象面有多麼偉大、優勝美地公園有多壯觀、性愛與孫兒是多麼美妙之類的話，然後盡情享受這一切。我們享受是因為我們天生就是要享受這些事。這是我們運作的方式，就是這樣而已。去喝杯苦味馬丁尼，翹起腳，讀本好書吧。

我試著為這個難題提出不同的觀點。而說到底，我的論點就是：生命的所有經驗，不論是個人的或是社會的，都會影響我們突現的心智系統。這些經驗都是調整心智的強大力量，不只限制了我們的頭腦，也顯現出我們有意識的現實以及當下的這一刻，其實都來自於腦和心智這兩個層級間的互動。將腦去神祕化是現代神經科學的任務，可是要完成這分工作，神經科學就必須去思考：支配這些分開與分散模組的規則與演算法是如何共同作用，使得人類的情況得以產生。

了解頭腦的運作是自動化的，並且遵守自然世界的法則，既讓人振奮又有啟發性。振奮是因為我們可以對頭腦這個決策裝置有信心，知道它有一個可靠的結構，可以執行動作的決定。啟發性則在於因為整個關於自由意志的神祕概念已經被澄清，知道這是個錯誤的理解。這個概念一開始的基礎，是人類歷史上某段時間的社會與心理學信念，並且還沒有隨著現代關於宇宙本質的科學知識發展而消滅或居於劣勢。就像多利跟我說過的：

> 我們不知為何習慣了這樣的想法：當一個系統彷彿表現出一致的、整合過的功能與行為時，就一定有某種「本質上的」，而且很重要的是，一個中央的、中心的控制元素在負責一切。我們是難以動搖的本質論者，而且我們的左腦會找到這個本質。就像你說的，如果有什麼東西是我們找不到的，我們就會捏造出來。於是我們把它稱為腦中的小矮人、心智、靈魂、基因等等……但是以平常的化約論者想法來說，這幾乎是不存在的……這並不表示事實上沒有某些該負責任的「本質」，只不過那是分散的。它存在於傳輸法則中、規範中、演算法當中、軟體中……是細胞、蟻丘、網路、軍隊，是大腦真正的運作方式。這樣的事實對我們來說很難接受，因為它並不位於在某處的什麼箱子裡，而且就算真的有這個箱子的話，那其實也是一個設計上的缺陷，因為那個箱子會是一個僅有的死穴。事實上，本質並不在模組裡，而是在它們必須遵守的規則裡，這才是重要的事。

隨著我開始試著輕鬆看待此事，我發現自己的觀點在改變。這就是生命在科學上的天性。事實不會改變，會改變的，尤其是在神經科學與心理學這種高度解釋性的科學裡，是「如何」了解這些不斷累積的、關於大自然的事實。每天早上，每個科學家痛苦地不斷重複提出的問題是：我對那個那個的解釋是不是真的抓到了重點？沒有人會比提出想法的人更知道這個想法的弱點在哪裡，因此人總是小心翼翼。處在這樣的狀態裡並不輕鬆，我曾經問過全世界數一數二聰明的費斯汀格是否曾經覺得自己很無能。他回答我：「當然！這樣才能讓你繼續有能力。」

我在為這本書整理資料時了解到，我們需要一種尚未發展出的獨特語言，才能掌握心智處理限制頭腦，以及頭腦反過來限制心智處理的過程中發生的事。動作就發生在這些層級的接合面。用一種語彙來說，這就是由上往下的因果關係碰到由下往上的因果關係的地方；用另外一種語彙來說，動作根本就不在那裡，而是發生在彼此互動的頭腦之間的空間。這是發生在我們有層級的、階級式存在的介面的事，掌握了我們所追求的心智與頭腦關係的答案。我們要怎麼去描述這件事？突現的層級有自己的時間方向，並且和發生的動作是共時的。就是這樣的抽象概念讓我們在時間中成為當下，真實而且負責任。從位在不同運作層級的較優越觀點來看，關於大腦在我們意識到之前就在運作的這件事，就變得沒有實質意義而且不合理。對我來說，了解如何發展一種語彙來描述這些層級化的互動，才是這個世紀的科學問題主軸。

致謝

我每寫一本書，就愈虧欠我的同事、家人，還有服務單位。以這本書而言，愛丁堡大學和吉福德系列講座就是催化劑，他們的邀請讓我受寵若驚，但在二〇〇九年的秋天進行兩周講座的這項挑戰，同時也讓我興奮莫名。我的目標是要清楚地說明，我認為神經科學在一些關於生命的偉大哲學議題上教導我們的事，特別是在「我們要為自己的行動負責」這個方面。很多人都想了解這一點，甚至我很驚訝的是連我妻子夏綠蒂，我的小孩馬林、安、法藍西絲卡、柴克瑞，還有我的女婿克里斯，以及我妹妹蕾貝卡都包括在內。他們全部來到愛丁堡，租了一間公寓，讓我簡直如坐針氈。那段日子非常美好，至少他們是這麼跟我說的。不用說，我那時候因為這個講座而身處於水深火熱之中。

當然，就宏觀的角度來說，演講算是簡單的了。演講能促使一個人整合自己的思想，可是要把想法訴諸文字又是另外一回事。而在這個部分，我再一次地受到很多人的幫助。我妹妹蕾貝卡是我不可或缺的左右手。她的編輯能力與機智讓我在溝通的對話能力方面更上一層樓，我再怎麼謝謝她都不夠。我也非常感激來自達娜基金會，我的同事兼朋友娜玟絲。她雷射般的好眼力和嚴格的校正無人能出其右。她不會改變你的風格，只有在你犯了大錯的時候才會出現。雖然對我來說，那發生得有點太頻繁了，但我每次都有收穫。

要感謝我所有專業的同事是不可能的，多年來我受到非常多人的啟發，從我的恩師史培利開始，他應該是目前在世最偉大的腦科學家。此外讀者也能從本書的觀點中輕易發現，我受到很多我的研究生與博士後學生的影響，他們對於本書的研究與觀點的重要性與我不相上下。在這個領域中的許多巨人都極力讓我更上層樓，包括費斯汀格、米勒、普瑞馬克，以及前吉福德講座講者麥楷。此外，波斯納、希亞德、查魯帕、布魯姆、比茲、雷切爾、葛雷福頓，以及平克等許多人也都是如此。這是一段豐富的人生。我還要特別感謝哲學教授斯諾特阿姆斯壯與波斯納對本書稿件的指教，以及感謝加州理工學院的多利閱讀本書稿件，並對於心智與頭腦研究的未來方向提出無窮的洞見。我的生涯起於加州理工學院，能夠回到那裡叩門，學習更多知識，是我的福氣。

參考書目

第一章 我們現在的樣子

1. Hippocrates (400 b.c.). Hippocratic writings (Francis Adams, Trans.). In M. J. Adler (Ed.), *The great books of the western world* (1952 ed., Vol. 10, p. 159). Chicago: Encyclopadia Britannica, Inc.
2. Doyle, A. C. (1892). Silver blaze. In *The complete Sherlock Holmes* (1930 ed., Vol. 1, p. 335). Garden City, NY: Doubleday & Company, Inc.
3. Lashley, K. S. (1929). *Brain mechanisms and intelligence: A quantitative study of injuries to the brain.* Chicago: University of Chicago Press.
4. Watson, J. B. (1930). *Behaviorism* (Rev. ed., p. 82). Chicago: University of Chicago Press.
5. Weiss, P. A. (1934). In vitro experiments on the factors determining the course of the outgrowing nerve fiber. *Journal of Experimental Zoology, 68*(3), 393-448.
6. Sperry, R. W. (1963). Chemoaffinity in the orderly growth of nerve fiber patterns and connections. *Proceedings of the National Academy of Sciences of the United States of America, 50*(4), 703-710.
7. Hebb, D. O. (1949). *The organization of behavior: A neuropsychological theory* (p. 62). New York: Wiley.
8. Hebb, D. O. (1947). The effects of early experience on problem solving at maturity. *American Psychologist, 2,* 306-307.

9. Ford, F. R., & Woodall, B. (1938). Phenomena due to misdirection of regenerating fibers of cranial, spinal and autonomic nerves. *Archives of Surgery, 36*(3), 480-496.
10. Sperry, R. (1939). The functional results of muscle transposition in the hind limb of the rat. *The Journal of Comparative Neurology, 73*(3), 379-404.
11. Sperry, R. (1943). Functional results of crossing sensory nerves in the rat. *The Journal of Comparative Neurology, 78*(1), 59-90.
12. Sperry, R. W. (1963). Chemoaffinity in the orderly growth of nerve fiber patterns (p. 703).
13. Pomerat, C. M. (1963). Activities associated with neuronal regeneration. *The Anatomical Record, 145*(2), 371.
14. Krubitzer, L. (2009). In search of a unifying theory of complex brain evolution. *Annals of the New York Academy of Science, 1156,* 44-67.
15. Marler, P., & Tamura, M. (1964). Culturally transmitted patterns of vocal behavior in sparrows. *Science, 146*(3650), 1483-1486.
16. Jerne, N. (1967). Antibodies and learning: selection versus instruction. *The neurosciences: A study program* (pp. 200-205) New York: Rockefeller University Press.
17. Boag, P. T., & Grant, P. R. (1981). Intense natural selection in a population of Darwin's Finches (Geospizinae) in the Galapagos. *Science, 214*(4516), 82-85.
18. Sin, W. C., Haas, K, Ruthazer, E. S., & Cline, H. T. (2002). Dendrite growth increased by visual activity requires NMDA receptor and Rho GTPases. *Nature, 419*(6906), 475-480.
19. Rioult-Pedotti, M. S., Donoghue, J. P., & Dunaevsky, A. (2007). Plasticity of the synaptic modification range.

Journal of Neurophysiology, *98*(6), 3688-3695.

20. Xu, T., Yu, X., Perlik, A. J., Tobin, W. F., Zweig, J. A., Tennant, K., . . . Zuo, Y. (2009). Rapid formation and selective stabilization of synapses for enduring motor memories. *Nature*, *462*(7275), 915-919.

21. Baillargeon, R. E. (1987). Object permanence in 3 1/2 and 4 1/2 month old infants. *Developmental Psychology, 23*(5), 655-664.

22. See: Spelke, E. S. (1991). Physical knowledge in infancy: Reflections on Piaget's theory. In S. Carey & R. Gelman (Eds.), *The epigenesis of mind: Essays on biology and cognition* (pp. 133-169). Hillsdale, NJ: Lawrence Erlbaum Associates; and Spelke, E. S. (1994). Initial knowledge: Six suggestions. *Cognition, 50,* 443-447.

23. Purves, D., Williams, S. M., Nundy, S., & Lotto, R. B. (2004). Perceiving the intensity of light. *Psychological Review, 111*(1), 142-158.

24. Purves, D. An empirical explanation: Simultaneous brightness contrast. Retrieved from: http://www.purveslab.net/research/explanation/brightness/brightness.html#f2.

25. Lovejoy, C. O., Latimer, B., Suwa, G., Asfaw, B., & White, T. D. (2009). Combining prehension and propulsion: The foot of Ardipithecus ramidus. *Science, 326*(5949), 72, 72e1-72e8.

26. Festinger, L. (1983). *The human legacy* (p. 4). New York: Columbia University Press.

27. Lovejoy, C. O. (2009). Reexamining human origins in light of Ardipithecus ramidus. *Science, 326*(5949), 74, 74e1-74e8.

28. Darwin, C. (1871). *The descent of man, and selection in relation to sex*. London: John Murray (Facsimile ed.,

1981, Princeton, NJ: Princeton University Press).

29. Huxley, T. H. (1863). *Evidence as to man's place in nature*. London: Williams and Morgate (Reissued, 1959, Ann Arbor: University of Michigan Press).

30. Holloway, R. L., Jr. (1966). Cranial capacity and neuron number: A critique and proposal. *American Journal of Anthropology, 25*(3), 305-314.

31. Holloway, R. L. (2008). The human brain evolving: A personal retrospective. *Annual Review of Anthropology, 37,* 1-19.

32. See: Preuss, T. M., Qi, H., & Kaas, J. H. (1999). Distinctive compartmental organization of human primary visual cortex. *Proceedings of the National Academy of Sciences of the United States of America, 96*(20), 11601-11606; and Preuss, T. M., & Coleman, G. Q. (2002). Human-specific organization of primary visual cortex: Alternating compartments of dense cat-301 and calbindin immunoreactivity in layer 4A. *Cerebral Cortex, 12*(7), 671-691.

33. de Winter, W., & Oxnard, C. E. (2001). Evolutionary radiations and convergences in the structural organization of mammalian brains. *Nature, 409,* 710-714.

34. Oxnard, C. E. (2004). Brain evolution: Mammals, primates, chimpanzees, and humans. *International Journal of Primatology, 25*(5), 1127-1158.

35. Rakic, P. (2005). Vive la difference! *Neuron, 47*(3), 323-325.

36. Premack, D. (2007). Human and animal cognition: Continuity and discontinuity. *Proceedings of the National Academy of Sciences of the United States of America, 104*(35), 13861-13867.

37. Azevedo, F. A. C., Carvalho, L. R. B., Grinberg, L. T., Farfel, J. M., Ferretti, R. E. L., Leite, R. E. P., . . . Herculano-Houzel, S. (2009). Equal numbers of neuronal and nonneuronal cells make the human brain an isometrically scaled-up primate brain. *Journal of Comparative Neurology, 513*(5), 532-541.
38. Shariff G. A. (1953). Cell counts in the primate cerebral cortex. *Journal of Comparative Neurology, 98*(3), 381-400.
39. Deacon, T. W. (1990). Rethinking mammalian brain evolution. *American Zoology, 30*(3), 629-705.
40. Ringo, J. L. (1991). Neuronal interconnection as a function of brain size. *Brain, Behavior and Evolution, 38*(1) 1-6.
41. Petersen, S. E., Fox, P. T., Posner, M. I., Mintun, M., & Raichle, M. E. (1988). Positron emission tomographic studies of the cortical anatomy of single-word processing. *Nature, 331*(6157), 585-589.
42. Preuss, T. M. (2001). The discovery of cerebral diversity: An unwelcome scientific revolution. In D. Falk & K. R. Gibson (Eds.), *Evolutionary anatomy of the primate cortex* (p. 154). Cambridge: Cambridge University Press.
43. Hutsler, J. J., Lee, D. G., & Porter, K. K. (2005). Comparative analysis of cortical layering and supragranular layer enlargement in rodent carnivore and primate species. *Brain Research, 1052,* 71-81.
44. See the following: Caviness, V. S., Jr., Takahashi, T., & Nowakowski, R. S. (1995). Numbers, time and neocortical neurogenesis: A general developmental and evolutionary model. *Trends in Neuroscience, 18*(9), 379-383; Fuster, J. M. (2003). Neurobiology of cortical networks. In *Cortex and mind* (pp. 17-53). New York: Oxford University Press; and Jones, E. G. (1981). Anatomy of cerebral cortex: Columnar input-output organization. In F. O. Schmitt, F. G. Worden, G. Adelman, & S. G. Dennis (Eds.), *The organization of the*

cerebral cortex (pp. 199-235). Cambridge, MA: The MIT Press.

45. Hutsler, J. J., & Galuske, R. A. W. (2003). Hemispheric asymmetries in cerebral cortical networks. *Trends in Neuroscience, 26,* 429-435.
46. Elston, G. N., & Rosa, M. G. P. (2000). Pyramidal cells, patches and cortical columns: A comparative study of infragranular neurons in TEO, TE, and the superior temporal polysensory area of the macaque monkey. *The Journal of Neuroscience, 20*(24), RC117.
47. Elston, G. N. (2003). Cortex, cognition and the cell: New insights into the pyramidal neuron and prefrontal function. *Cerebral Cortex, 13*(11), 1124-1138.
48. Rilling, J. K., & Insel, T. R. (1999). Differential expansion of neural projection systems in primate brain evolution. *Neuroreport*, *10*(7), 1453-1459.
49. See: Buxhoeveden, D., & Casanova, M. (2000). Comparative lateralization patterns in the language area of human, chimpanzee, and rhesus monkey brains. *Laterality, 5*(4), 315-330; and Gilissen, E. (2001). Structural symmetries and asymmetries in human and chimpanzee brains. In D. Falk & K. R. Gibson (Eds.), *Evolutionary anatomy of the primate cerebral cortex* (pp. 187-215). Cambridge: Cambridge University Press.
50. Vermeire, B., & Hamilton, C. R. (1998). Inversion effect for faces in splitbrain monkeys. *Neuropsychologia, 36*(10), 1003-1014.
51. Halpern, M. E., Gunturkun, O., Hopkins, W. D., & Rogers, L. J. (2005). Lateralization of the vertebrate brain: Taking the side of model systems. *Journal of Neuroscience, 25*(35), 10351-10357.
52. For a review, see: Hutsler, J. J., & Galuske, R. A. W. (2003). Hemispheric asymmetries in cerebral cortical

networks. *Trends in Neuroscience, 26*(8), 429-435.

53. Black, P., & Myers, R. E. (1964). Visual function of the forebrain commissures in the chimpanzee. *Science,* 146(3645), 799-800.

54. Pasik, P., & Pasik, T. (1982). Visual functions in monkeys after total removal of visual cerebral cortex. In W. D. Neff (Ed.), *Contributions to sensory physiology* (Vol. 7, pp. 147-200). New York: Academic Press.

55. Rilling, J. K., Glasser, M. F., Preuss, T. M., Ma, X., Zhao, T., Hu, X., & Behrens, T. E. J. (2008). The evolution of the arcuate fasciculus revealed with comparative DTI. *Nature Neuroscience, 11*(4), 426-428.

56. Preuss, T. M. (2003). What is it like to be a human? In M. S. Gazzaniga (Ed.), *The Cognitive Neurosciences III* (pp. 14-15). Cambridge, MA: The MIT Press.

57. Elston, G. N. (2003). Cortex, cognition and the cell: New insights into the pyramidal neuron and prefrontal function. *Cerebral Cortex, 13*(11), 1124-1138.

58. Elston, G. N., Benavides-Piccione, R., Elston, A., Zietsch, B., Defelipe, J., Manger, P., . . . Kaas, J. H. (2006). Specializations of the granular prefrontal cortex of primates: Implications for cognitive processing. *The Anatomical Record, 288A*(1), 26-35.

59. Williamson, A., Spencer, D. D., & Shepherd, G. M. (1993). Comparison between the membrane and synaptic properties of human and rodent dentate granule cells. *Brain Research, 622*(1-2), 194-202.

60. Nimchinsky, E. A., Vogt, B. A., Morrison, J. H., & Hof, P. R. (1995). Spindle neurons of the human anterior cingulate cortex. *Journal of Comparative Neurology, 355*(1), 27-37.

61. Fajardo, C., Escobar, M. I, Buritica, E., Arteaga, G., Umbarila, J., Casanova, M. F., & Pimienta, H. (2008)

Von Economo neurons are present in the dorsolateral (dysgranular) prefrontal cortex of humans. *Neuroscience Letters, 435*(3), 215-218.

62. Nimchinsky, E. A., Gilissen, E., Allman, J. M., Perl, D. P., Erwin, J. M., & Hof, P. R. (1999). A neuronal morphologic type unique to humans and great apes. *Proceedings of the National Academy of Sciences of the United States of America, 96*(9), 5268-5273.

63. Allman, J. M., Watson, K. K., Tetreault, N. A., & Hakeem, A. Y. (2005). Intuition and autism: A possible role for von Economo neurons. *Trends in Cognitive Science, 9*(8), 367-373.

64. Hakeem, A. Y., Sherwood, C. C., Bonar, C. J., Butti, C., Hof, P. R., & Allman, J. M. (2009). Von Economo neurons in the elephant brain. *The Anatomical Record, 292*(2), 242-248.

65. Hof, P. R., & Van der Gucht, E. (2007). Structure of the cerebral cortex of the humpback whale, *Megaptera novaeangliae* (Cetacea, Mysticeti, Balaenopteridae). *The Anatomical Record, 290*(1), 1-31.

66. Butti, C., Sherwood, C. C., Hakeem, A. Y., Allman, J. M., & Hof, P. R. (2009). Total number and volume of von Economo neurons in the cerebral cortex of cetaceans. *Journal of Comparative Neurology, 515*(2), 243-259.

67. Bystron, I., Rakic, P., Molnar, Z., & Blakemore, C. (2006). The first neurons of the human cerebral cortex. *Nature Neuroscience, 9,* 880-886.

第二章　平行與分散式的腦

1. Galton, F. (1879). Psychometric experiments. *Brain, 2,* 149-162.

2. Caramazza, A., & Shelton, J. R. (1998). Domain-specific knowledge systems in the brain: The animate-

inanimate distinction. *Journal of Cognitive Neuroscience, 10*(1), 1-34.

3. Boyer, P., & Barrett, H. C. (2005). Domain specificity and intuitive ontology. In D. M. Buss (Ed.), *The handbook of evolutionary psychology* (pp. 96-118). New York: Wiley.
4. Barrett, H. C. (2005). Adaptations to predators and prey. In D. M. Buss (Ed.), *The handbook of evolutionary psychology* (pp. 200-223). New York: Wiley.
5. Coss, R. G., Guse, K. L., Poran, N. S., & Smith, D. G. (1993). Development of antisnake defenses in California ground squirrels (Spermophilus beecheyi): II. Microevolutionary effects of relaxed selection from rattlesnakes. *Behaviour, 124*(1-2), 137-164.
6. See: Stamm, J. S., &. Sperry, R. W. (1957). Function of corpus callosum in contralateral transfer of somesthetic discrimination in cats. *Journal of Comparative Physiological Psychology, 50*(2), 138-143; and Glickstein, M., & Sperry, R. W. (1960). Intermanual somesthetic transfer in split-brain rhesus monkeys. *Journal of Comparative Physiological Psychology, 53*(4), 322-327.
7. Akelaitis, A. J. (1945). Studies on the corpus callosum: IV. Diagnostic dyspraxia in epileptics following partial and complete section of the corpus callosum. *American Journal of Psychiatry, 101,* 594-599.
8. See: Gazzaniga, M. S., Bogen, J. E., & Sperry, R. W.(1962). Some functional effects of sectioning the cerebral commissures in man. *Proceedings of the National Academy of Sciences of the United States of America, 48*(10), 1765-1769; Gazzaniga, M. S., Bogen, J. E., & Sperry, R. W. (1963). Laterality effects in somesthesis following cerebral commissurotomy in man. *Neuropsychologia, 1,* 209-215; Gazzaniga, M. S., Bogen, J. E., & Sperry, R. W. (1965). Observations on visual perception after disconnection of the cerebral hemispheres in man. *Brain,*

88, 221-236; and Gazzaniga, M. S., Sperry, R. W. (1967). Language after section of the cerebral commissures. *Brain, 90,* 131-348.

9. Van Wagenen, W. P., & Herren, R. Y. (1940). Surgical division of commissural pathways in the corpus callosum: Relation to spread of an epileptic attack. *Archives of Neurology and Psychiatry, 44*(4), 740-759.
10. Akelaitis, A. J. (1941). Studies on the corpus callosum: II. The higher visual functions in each homonymous field following complete section of the corpus callosum. *Archives of Neurology and Psychiatry, 45*(5), 788-796.
11. Sperry, R. (1984). Consciousness, personal identity and the divided brain. *Neuropsychologia, 22*(6), 661-673.
12. Kutas, M., Hillyard, S. A., Volpe, B. T., & Gazzaniga, M. S. (1990). Late positive event-related potentials after commissural section in humans. *Journal of Cognitive Neuroscience,* 2(3), 258-271.
13. Gazzaniga, M. S., Bogen, J. E., & Sperry, R. W. (1967). Dyspraxia following division of the cerebral commissures. *Archives of Neurology, 16*(6), 606-612.
14. See: Nass, R. D., & Gazzaniga, M. S.(1987). Cerebral lateralization and specialization in human central nervous system. In F. Plum (Ed.), *Handbook of Physiology* (Sec. 1, Vol. 5, pp. 701-761). Bethesda, MD: American Physiological Society; and Zaidel, E. (1990). Language functions in the two hemispheres following cerebral commissurotomy and hemispherectomy. In F. Boller & J. Grafman (Eds.), *Handbook of Neuropsychology* (Vol. 4, pp. 115-150). Amsterdam: Elsevier.
15. Gazzaniga, M. S., & Smylie, C. S. (1990). Hemispheric mechanisms controlling voluntary and spontaneous facial expressions. *Journal of Cognitive Neuroscience,* 2(3), 239-245.
16. Sperry, R. W. (1968). Hemisphere deconnection and unity in conscious awareness. *American Psychologist,*

23(10), 723-733.

17. Gazzaniga, M. S. (1972). One brain-two minds? *American Scientist, 60*(3), 311-317.
18. Sutherland, S. (1989). *The international dictionary of psychology*. New York: Continuum.
19. MacKay, D. M. (1991). *Behind the eye*. Oxford: Basil Blackwell.
20. See: Phelps, E. A., & Gazzaniga, M. S. (1992). Hemispheric differences in mnemonic processing: The effects of left hemisphere interpretation. *Neuropsychologia, 30*(3), 293-297; and Metcalfe, J., Funnell, M., & Gazzaniga, M. S. (1995). Right-hemisphere memory superiority: Studies of a split-brain patient. *Psychological Science, 6*(3), 157-164.
21. Nelson, M. E., & Bower, J. M. (1990). Brain maps and parallel computers. *Trends in Neurosciences, 13*(10), 403-408.
22. Clarke, D. D., & Sokoloff, L. (1999). Circulation and energy metabolism of the brain. In G. J. Siegel, B. W. Agranoff, R. W. Albers, S. K. Fisher, & M. D. Uhler (Eds.), *Basic neurochemistry: Molecular, cellular and medical aspects* (6th ed., pp. 637-670). Philadelphia: Lippincott-Raven.
23. Striedter, G. (2005). *Principles of brain evolution.* Sunderland, MA: Sinauer Associates, Inc.
24. Chen, B. L., Hall, D. H., & Chklovskii, D. B. (2006). Wiring optimization can relate neuronal structure and function. *Proceedings of the National Academy of Sciences of the United States of America, 103*(12), 4723-4728.
25. See: Hilgetag, C. C., Burns, G. A., O'Neill, M. A., Scannell, J. W., & Young, M. P. (2000). Anatomical connectivity defines the organization of clusters of cortical areas in the macaque monkey and the cat.

Philosophical Transactions of the Royal Society London B: Biological Sciences, 355(1393), 91-110; Sporns, O., Tononi, G., & Edelman, G. M. (2002). Theoretical neuroanatomy and the connectivity of the cerebral cortex. *Behavioural Brain Research, 135*(1-2), 69-74; Sakata, S., Komatsu, Y., & Yamamori, T. (2005). Local design principles of mammalian cortical networks. *Neuroscience Research, 51*(3), 309-315.

26. Watts, D. J., & Strogatz, S. H. (1998). Collective dynamics of "small-world" networks. *Nature, 393,* 440-442.
27. See: Gazzaniga, M. S. (1989). Organization of the human brain. *Science, 245*(4921), 947-952; and Baynes, K., Eliassen, J. C., Lutsep, H. L., & Gazzaniga, M. S. (1998). Modular organization of cognitive systems masked by interhemispheric integration. *Science, 280*(5365), 902-905.
28. Volpe, B. T., Ledoux, J. E., & Gazzaniga, M. S. (1979). Information processing of visual stimuli in an "extinguished" field. *Nature, 282*(5740), 722-724.
29. Nicolis, G., & Rouvas-Nicolis, C. (2007). Complex systems. *Scholarpedia, 2*(11), 1473.
30. Amaral, L. A. N., & Ottino, J. M. (2004). Complex networks. Augmenting the framework for the study of complex systems. *European Physical Journal B, 38*(2), 147-162.
31. Varian, H. R. (2007). Position auctions. *International Journal of Industrial Organization, 25*(6), 1163-1178.

第三章　解譯器

1. Aglioti, S., DeSouza, J. F. X., & Goodale, M. A. (1995). Size-contrast illusions deceive the eye but not the hand. *Current Biology, 5*(6), 679-685.
2. Dehaene, S., Naccache, L., Le Clec'H, G., Koechlin, E., Mueller, M., Dehaene-Lambertz, G., . . . Le Bihan, D.

(1998). Imaging unconscious semantic priming. *Nature, 395,* 597-600.

3. He, S., & MacLeod, D. I. A. (2001). Orientation-selective adaptation and tilt after-effect from invisible patterns. *Nature, 411,* 473-476.
4. Gazzaniga, M. S. (1989). Organization of the human brain. *Science, 245*(4921), 947-952.
5. Derks, P. L., & Paclisanu, M. I. (1967). Simple strategies in binary prediction by children and adults. *Journal of Experimental Psychology, 73*(2), 278-285.
6. Wolford, G., Miller, M. B., & Gazzaniga, M. S. (2000). The left hemisphere's role in hypothesis formation. *Journal of Neuroscience, 20*(6), RC64.
7. Kleck, R. E., & Strenta, A. (1980). Perceptions of the impact of negatively valued physical characteristics on social integration. *Journal of Personality and Social Psychology, 39*(5), 861-873.
8. Schachter, S., & Singer, J. E. (1962). Cognitive, social, and physiological determinants of emotional state. *Psychology Review, 69,* 379-399.
9. Miller, M. B., & Valsangkar-Smyth, M. (2005). Probability matching in the right hemisphere. *Brain and Cognition, 57*(2), 165-167.
10. Wolford, G., Miller, M. B., & Gazzaniga, M. S. (2004). Split decisions. In M. S. Gazzaniga (Ed.), *The Cognitive Neurosciences III* (pp. 1189-1199). Cambridge, MA: The MIT Press.
11. Corballis, P. (2003). Visuospatial processing and the right-hemisphere interpreter. *Brain and Cognition, 53*(2), 171-176.
12. Corballis, P. M., Fendrich, R., Shapley, R. M., & Gazzaniga, M. S. (1999). Illusory contour perception

and amodal boundary completion: Evidence of a dissociation following callosotomy. *Journal of Cognitive Neuroscience, 11*(4), 459-46.

13. Corballis, P. M., Funnell, M. G., & Gazzaniga, M. S. (2002). Hemispheric asymmetries for simple visual judgments in the split brain. *Neuropsychologia, 40*(4), 401-410.

14. Corballis, M. C., & Sergent, J. (1988). Imagery in a commissurotomized patient. *Neuropsychologia, 26*(1), 13-26.

15. See: Funnell, M. G., Corballis, P. M., & Gazzaniga, M. S. (2003). Temporal discrimination in the split brain. *Brain and Cognition, 53*(2), 218-222; and Handy, T. C., Gazzaniga, M. S., & Ivry, R. B. (2003). Cortical and subcortical contributions to the representation of temporal information. *Neuropsychologia, 41*(11), 1461-1473.

16. Hikosaka, O., Miyauchi, S., & Shimojo, S. (1993). Focal visual attention produces illusory temporal order and motion sensation. *Vision Research, 33*(9), 1219-1240.

17. Tse, P., Cavanagh, P., & Nakayama, K. (1998). The role of parsing in highlevel motion processing. In T. Watanabe (Ed.), *High-level motion processing: Computational, neurobiological, and psychophysical perspectives* (pp. 249-266). Cambridge, MA: The MIT Press.

18. Corballis, P. M., Funnell, M. G., & Gazzaniga, M. S. (2002). An investigation of the line motion effect in a callosotomy patient. *Brain and Cognition, 48*(2-3), 327-332.

19. Ramachandran, V. S. (1995). Anosognosia in parietal lobe syndrome. *Conciousness and Cognition, 4*(1), 22-51.

20. Hirstein, W., & Ramachandran, V. S. (1997). Capgras syndrome: A novel probe for understanding the neural representation of the identity and familiarity of persons. *Proceedings of the Royal Society B: Biological*

Sciences, 264(1380), 437-444.

21. Doran, J. M. (1990). The Capgras syndrome: Neurological/neuropsychological perspectives. *Neuropsychology, 4*(1), 29-42.
22. Roser, M. E., Fugelsang, J. A., Dunbar, K. N., Corballis, P. M., & Gazzaniga, M. S. (2005). Dissociating processes supporting causal perception and causal inference in the brain. *Neuropsychology, 19*(5), 591-602.
23. Gazzaniga, M. S.(1983). Right hemisphere language following brain bisection: A 20-year perspective. *American Psychologist, 38*(5), 525-537.
24. Gazzaniga, M. S., & LeDoux, J. E. (1978). *The integrated mind.* New York: Plenum Press.
25. Roser, M., & Gazzaniga, M. S. (2004). Automatic brains-Interpretive minds. *Current Directions in Psychological Science, 13*(2), 56-59.

第四章　拋棄自由意志的概念

1. Personal communication.
2. Fried, I., Katz, A., McCarthy, G., Sass, K. J., Williamson, P., Spencer, S. S., & Spenser, D. D. (1991). Functional organization of human supplementary motor cortex studied by electrical stimulation. *Journal of Neuroscience, 11*(11), 3656-3666.
3. Thaler, D., Chen, Y. C., Nixon, P. D., Stern, C. E., & Passingham, R. E. (1995). The functions of the medial premotor cortex. I. Simple learned movements. *Experimental Brain Research, 102*(3), 445-460.
4. Lau, H., Rogers, R. D., & Passingham, R. E. (2006). Dissociating response selection and conflict in the medial

frontal surface. *NeuroImage, 29*(2), 446-451.

5. Lau, H. C., Rogers, R.D., & Passingham, R. E. (2007). Manipulating the experienced onset of intention after action execution. *Journal of Cognitive Neuroscience, 19*(1), 1-10.

6. Vohs, K. D., & Schooler, J. W. (2008). The value in believing in free will. Encouraging a belief in determinism increases cheating. *Psychological Science, 19*(1), 49-54.

7. See: Harmon-Jones, E., & Mills, J. (1999). *Cognitive dissonance: Progress on a pivotal theory in social psychology.* Washington, DC: American Psychological Association; and Mueller, C. M., & Dweek, C. S. (1998). Intelligence praise can undermine motivation and performance. *Journal of Personality and Social Psychology, 75,* 33-52.

8. See: Baumeister, R. F., Bratslavsky, E., Muraven, M., & Tice, D. M. (1998). Ego depletion: Is the active self a limited resource? *Journal of Personality and Social Psychology, 4,* 1252-1265; Gailliot, M. T., Baumeister, R. F., DeWall, C. N., Maner, J. K., Plant, E. A., Tice, D. M., & Brewer, L. E. (2007). Selfcontrol relies on glucose as a limited energy source: Willpower is more than a metaphor. *Journal of Personality and Social Psychology, 92,* 325-336; and Vohs, K. D., Baumeister, R. F., Schmeichel, B. J., Twenge, J. M., Nelson, N. M., & Tice, D. M. (2008). Making choices impairs subsequent self-control: A limited resource account of decision making, self-regulation, and active initiative. *Journal of Personality and Social Psychology, 94,* 883-898.

9. Baumeister, R. F., Masicampo, E. J., & DeWall, C. N. (2009). Prosocial benefits of feeling free: Disbelief in free will increases aggression and reduces helpfulness. *Personality and Social Psychology Bulletin, 35*(2), 260-268.

10. Dawkins, R. (2006). Edge.org, 1/1.
11. O'Connor, J. J., & Robertson, E. F. (2008). Edward Norton Lorenz. http://www-history.mcs.st-and.ac.uk/Biographies/Lorenz_Edward.html.
12. Feynman, R. (1998). *The meaning of it all.* New York: Perseus Books Group.
13. Bohr, M. (1937). Causality and complementarity. *Philosophy of Science, 4*(3), 289-298.
14. Quoted in: Isaacson, W. (2007). *Einstein: His Life and Universe.* New York: Simon & Schuster.
15. Pattee, H. H. (2001). Causation, control, and the evolution of complexity. In P. B. Andersen, P. V. Christiansen, C. Emmeche, & M. O. Finnerman (Eds.), *Downward causation: Minds, bodies and matter* (pp. 63-77). Copenhagen: Aarhus University Press.
16. Goldstein, J. (1999). Emergence as a construct: History and issues. *Emergence: Complexity and Organization, 1*(1), 49-72.
17. Laughlin, R. B. (2006). *A different universe: Reinventing physics from the bottom down.* New York: Basic Books.
18. Feynman, R. P., Leighton, R. B., & Sands, M.(1995). *Six easy pieces: Essentials of physics explained by its most brilliant teacher* (p. 135). New York: Basic Books.
19. Bunge, M. (2010). *Matter and mind: A philosophical inquiry* (p. 77). Dordrecht: Springer Verlag.
20. Libet, B., Wright, E. W., Feinstein, B., & Pearl, D. K. (1979). Subjective referral of the timing for a conscious sensory experience: A functional role for the somatosensory specific projection system in man. *Brain, 102*(1), 193-224.

21. Libet, B., Gleason, C. A., Wright, E. W., & Pearl, D. K. (1983). Time of conscious intention to act in relation to onset of cerebral activity (readiness-potential): The unconscious initiation of a freely voluntary act. *Brain, 106*(3), 623-642.
22. Soon, C. S., Brass, M., Heinze, H.-J. & Haynes, J.-D. (2008). Unconscious determinants of free decisions in the human brain. *Nature Neuroscience, 11*(5), 543-545.
23. Prinz, A. A., Bucher, D., & Marder, E. (2004). Similar network activity from disparate circuit parameters. *Nature Neuroscience*, *7*(12), 1345-1352.
24. Anderson, P. W. (1972). More is different. *Science, 177*(4047), 393-396.
25. Locke, J. (1689). *An essay concerning human understanding* (1849 ed., p. 155). Philadelphia: Kay & Troutman.
26. Krakauer, D. Personal communication.
27. Bassett, D. S., & Gazzaniga, M.S. (2011). Understanding complexity in the human brain. *Trends in Cognitive Science*, in press.

第五章　社交心智

1. Legerstee, M. (1991). The role of person and object in eliciting early imitation. *Journal of Experimental Child Psychology, 51*(3), 423-433.
2. For a review see: Puce, A., & Perrett, D. (2003). Electrophysiology and brain imaging of biological motion. *Philosophical Transactions of the Royal Society of London B: Biological Sciences, 358,* 435-446.
3. Heider, F., & Simmel, M. (1944). An experimental study of apparent behavior. *American Journal of*

Psychology, 57(2), 243-259.

4. Premack, D., & Premack, A. (1997). Infants attribute value to the goal-directed actions of self-propelled objects. *Journal of Cognitive Neuroscience, 9*(6), 848-856.
5. Hamlin, J. K., Wynn, K., & Bloom, P. (2007). Social evaluation by preverbal infants. *Nature, 450,* 557-559.
6. Warneken, F., & Tomasello, M. (2007). Helping and cooperation at 14 months of age. *Infancy, 11*(3), 271-294.
7. Warneken, F., Hare, B., Melis, A. P., Hanus, D., & Tomasello, M. (2007). Spontaneous altruism by chimpanzees and young children. *PLoS Biology, 5*(7), 1414-1420.
8. Warneken, F., & Tomasello, M. (2006). Altruistic helping in human infants and young chimpanzees. *Science, 311*(5765), 1301-1303.
9. Liszkowski, U., Carpenter, M., Striano, T., & Tomasello, M. (2006). 12- and 18-month-olds point to provide information for others. *Journal of Cognition and Development, 7*(2), 173-187.
10. Warneken, F., & Tomasello, M. (2009). Varieties of altruism in children and chimpanzees. *Trends in Cognitive Science, 13*(9), 397-402.
11. Olson, K. R., & Spelke, E. S. (2008). Foundations of cooperation in young children. *Cognition, 108*(1), 222-231.
12. Melis, A. P., Hare, B., & Tomasello, M. (2008). Do chimpanzees reciprocate received favours? *Animal Behaviour, 76*(3), 951-962.
13. Rakoczy, H., Warneken, F., & Tomasello, M. (2008). The sources of normativity: Young children's awareness of the normative structure of games. *Developmental Psychology, 44*(3), 875-881.

14. Stephens, G. J., Silbert, L. J., & Hasson, U. (2010). Speaker-listener neural coupling underlies successful communication. *Proceedings of the National Academy of Sciences of the United States of America, 107*(32), 14425-14430.
15. Jolly, A. (1966). Lemur and social behavior and primate intelligence. *Science, 153*(3735), 501-506.
16. Byrne, R. W., & Whiten, A. (1988). *Machiavellian intelligence*. Oxford: Clarendon Press.
17. Byrne, R. W., & Corp, N. (2004). Neocortex size predicts deception rate in primates. *Proceedings of the Royal Society B: Biological Sciences, 271*(1549), 1693-1699.
18. Moll, H., & Tomasello, M. (2007). Cooperation and human cognition: The Vygotskian intelligence hypothesis. *Philosophical Transactions of the Royal Society B: Biological Sciences, 362*(1480), 639-648.
19. Dunbar, R. I. M. (1998). The social brain hypothesis. *Evolutionary Anthropology, 6*(5), 178-190.
20. Dunbar, R. I. M. (1993). Coevolution of neocortical size, group size and language in humans. *Behavioral and Brain Sciences, 16*(4), 681-735.
21. Hill, R. A., & Dunbar, R. I. M. (2003). Social network size in humans. *Human Nature, 14*(1), 53-72.
22. Roberts, S. G. B., Dunbar, R. I. M., Pollet, T. V., & Kuppens, T. (2009). Exploring variation in active network size: Constraints and ego characteristics. *Social Networks, 1*(2), 138-146.
23. Dunbar, R. I. M. (1996). *Grooming, gossip, and the evolution of language*. Cambridge, MA: Harvard University Press.
24. Papineau, D. (2005). Social learning and the Baldwin effect. In A. Zilhao (Ed.), *Evolution, rationality and cognition: A cognitive science for the twentyfirst century* (pp. 40-60). New York: Routledge.

25. Baldwin, J. M. (1896). A new factor in evolution. *The American Naturalist, 30*(354), 441-451.
26. Krubitzer, L., & Kaas, J. (2005). The evolution of the neocortex in mammals: How is phenotypic diversity generated? *Current Opinion in Neurobiology, 15*(4), 444-453.
27. Lewontin, R. C. (1982). Organism and environment. In H. C. Plotkin (Ed.), *Learning, development and culture: Essays in evolutionary epistemology* (pp. 151-171). New York: Wiley.
28. Odling-Smee, F. J., Laland, K. N., & Feldman, M. W. (2003). Niche construction: The neglected process in evolution. Retrieved from http://www.nicheconstruction.com/.
29. Flack, J. C., de Waal, F. B. M., & Krakauer, D. C. (2005). Social structure, robustness, and policing cost in a cognitively sophisticated species. *The American Naturalist, 165*(5), E126-E139.
30. Flack, J. C., Krakauer, D. C., & de Waal, F. B. M. (2005). Robustness mechanisms in primate societies: A perturbation study. *Proceedings of the Royal Society B: Biological Sciences, 272*(1568), 1091-1099.
31. Belyaev, D. (1979). Destabilizing selection as a factor in domestication. *Journal of Heredity, 70*(5), 301-308.
32. Hare, B., Plyusnina, I., Ignacio, N., Schepina, O., Stepika, A., Wrangham, R., & Trut, L. (2005). Social cognitive evolution in captive foxes is a correlated by-product of experimental domestication. *Current Biology, 15*(3), 226-230.
33. Allport, F. H. (1924). *Social psychology.* Boston: Houghton Mifflin.
34. Emler, N. (1994). Gossip, reputation, and adaptation. In R. F. Goodman & A. Ben-Ze'ev (Eds.), *Good gossip* (pp. 117-138). Lawrence, KS: University Press of Kansas.
35. Call, J., & Tomasello, M. (2008). Does the chimpanzee have a theory of mind? 30 years later. *Trends in*

Cognitive Science, 12(5), 187-192.

36. Bloom. P., & German, T. P. (2000). Two reasons to abandon the false belief task as a test of theory of mind. *Cognition, 77*(1), B25-B31.
37. Buttelmann, D., Carpenter, M., & Tomasello, M. (2009). Eighteen-monthold infants show false belief understanding in an active helping paradigm. *Cognition, 112*(2), 337-342.
38. See: Baron-Cohen, S. (1995). *Mindblindness: An essay on autism and theory of mind*. Cambridge, MA: The MIT Press; and Baron-Cohen, S., Leslie, A. M., & Frith, U. (1985). Does the autistic child have a "theory of mind"? *Cognition, 21*(1), 37-46.
39. Rizzolatti, G., Fadiga, L., Gallese, V., & Fogassi, L. (1996). Premotor cortex and the recognition of motor actions. *Cognitive Brain Research, 3*(2), 131-141.
40. Fadiga, L., Fogassi, L., Pavesi, G., & Rizzolatti, G. (1995). Motor facilitation during action observation: A magnetic stimulation study. *Journal of Neurophysiology, 73*(6), 2608-2611.
41. Singer, T., Seymour, B., O'Doherty, J., Kaube, H., Dolan, R. J., & Frith, C. D. (2004). Empathy for pain involves the affective but not sensory components of pain. *Science, 303*(5661), 1157-1162.
42. Jackson, P. L., Meltzoff, A. N., & Decety, J. (2005). How do we perceive the pain of others? A window into the neural processes involved in empathy. *NeuroImage, 24*(3), 771-779.
43. Dimberg, U., Thunberg, M., & Elmehed, K. (2000). Unconscious facial reactions to emotional facial expressions. *Psychological Science, 11*(1), 86-89.
44. Chartrand, T. L, & Bargh, J. A. (1999). The chameleon effect: The perception-behavior link and social

interaction. *Journal of Personality and Social Psychology, 76*(6), 893-910.

45. Giles, H., & Powesland, P. F. (1975). *Speech style and social evaluation.* London: Academic Press.
46. For a review see: Chartrand, T. L., Maddux, W. W., & Lakin, J. L. (2005). Beyond the perception-behavior link: The ubiquitous utility and motivational moderators of nonconscious mimicry. In R. R. Hassin, J. S. Uleman, & J. A. Bargh (Eds.), *The new unconscious* (pp. 334-361). New York: Oxford University Press.
47. van Baaren, R. B., Holland, R. W., Kawakami, K., & van Knippenberg, A. (2004). Mimicry and prosocial behavior. *Psychological Science, 15*(1), 71-74.
48. Chaiken, S. (1980). Heuristic versus systematic information processing and the use of source versus message cues in persuasion. *Journal of Personality and Social Psychology, 39*(5), 752-766.
49. Hatfield, E., Cacioppo, J. T., & Rapson, R. L. (1993). Emotional contagion. *Current Directions in Psychological Sciences, 2*(3), 96-99.
50. Lanzetta, J. T., & Englis, B. G. (1989). Expectations of cooperation and competition and their effects on observers' vicarious emotional responses. *Journal of Personality and Social Psychology, 56*(4), 543-554.
51. Bourgeois, P., & Hess, U. (1999). Emotional reactions to political leaders' facial displays: A replication. *Psychophysiology, 36,* S36.
52. Bourgeois, P., & Hess, U. (2007). The impact of social context on mimicry. *Biological Psychology, 77*(3), 343-352.
53. Yabar, Y., Cheung, N., Hess, U., Rochon, G., & Bonneville-Hebert, M. (2001). *Dis-moi si vous etes intimes, je te dirais si tu mimes* [Tell me if you're intimate and I'll tell you if you'll mimic]. Paper presented at the 24th

Annual Meeting of the Societe Quebecoise pour la Recherche en Psychologie, October 26-28. Chicoutimi, Canada.

54. de Waal, F. (2001). *The ape and the sushi master: Cultural reflections of a primatologist*. New York: Basic Books.

55. See: Baner, G., & Harley, H. (2001). The mimetic dolphin [Peer commen-tary on the paper, "Culture in whales and dolphins" by L. Rendall & H. Whitehead]. *Behaviorial and Brain Sciences, 24,* 326-327.

56. Kumashiro, M., Ishibashi, H., Uchiyama, Y., Itakura, S., Murata, A., & Iriki, A. (2003). Natural imitation induced by joint attention in Japanese monkeys. *International Journal of Psychophysiology, 50*(1-2), 81-99.

57. Visalberghi, E., & Fragaszy, D. M. (1990). Do monkeys ape? In S. T. Parker & K. R. Gibson (Eds.), *Language and intelligence in monkeys and apes* (pp. 247-273). Cambridge: Cambridge University Press; and Whiten, A., & Ham, R. (1992). On the nature and evolution of imitation in the animal kingdom: Reappraisal of a century of research. In P. J. B. Slater, J. S. Rosenblatt, C. Beer, & M. Milinski (Eds.), *Advances in the study of behavior* (pp. 239-283). New York: Academic Press.

58. Hume, D. (1777). *An enquiry concerning the principles of morals* (1960 ed., p. 2). La Salle, IL: Open Court.

59. Brown, D. E. (1991). *Human universals*. New York: McGraw-Hill.

60. Haidt, J. (2010). Morality. In S. T. Fiske, D. T. Gilbert, & G. Lindzey (Eds.), *Handbook of social psychology* (5th ed., Vol. 2, pp. 797-832). Hoboken, NJ: Wiley.

61. Haidt, J. (2001). The emotional dog and its rational tail: A social intuitionist approach to moral judgment. *Psychological Review, 108*(4), 814-834.

62. Haidt, J., & Bjorklund, F. (2008). Social intuitionists answer six questions about moral psychology. In W. Sinnott-Armstrong (Ed.), *Moral psychology* (Vol. 2, pp. 181-217). Cambridge, MA: The MIT Press.

63. Westermarck, E. A. (1891). *The History of Human Marriage.* New York: Macmillan.

64. Shepher, J. (1983). *Incest: A biosocial view*. Orlando, FL: Academic Press; and Wolf, A. P. (1970). Childhood association and sexual attraction: A further test of the Westermarck hypothesis. *American Anthropologist, 72*(3), 864-874.

65. Lieberman, D., Tooby, J., & Cosmides, L. (2002). Does morality have a biological basis? An empirical test of the factors governing moral sentiments relating to incest. *Proceedings of the Royal Society B: Biological Sciences, 270*(1517), 819-826.

66. Greene, J. D., Sommerville, R. B., Nystrom, L. E., Darley, J. M., & Cohen, J. D. (2001). An fMRI investigation of emotional engagement in moral judgment. *Science, 293*(5537), 2105-2108.

67. Hauser, M. (2006). *Moral minds.* New York: HarperCollins.

68. Koenigs, M., Young, L., Adolphs, R., Tranel, D., Cushman, F., Hauser, M., & Damasio, A. (2007). Damage to the prefrontal cortex increases utilitarian moral judgements. *Nature, 446,* 908-911.

69. Pinker, S. (2008, January 13). The moral instinct. *The New York Times.* Retrieved from http:www.nytimes.com.

70. Haidt, J., & Joseph, C. (2004). Intuitive ethics: How innately prepared intuitions generate culturally variable virtues. *Dadalus, 133*(4), 55-66; and Haidt, J., & Bjorklund, F. (2008). Social intuitionists answer six questions about moral psychology. In W. Sinnott-Armstrong (Ed.), *Moral psychology* (Vol. 2, pp. 181-217). Cambridge, MA: The MIT Press.

71. Darwin, C. (1871). The descent of man. In M. Adler (Ed.), *Great books of the western world* (1952 ed., Vol. 49, p. 322). Chicago: Encyclopadia Britannica.

72. Knoch, D., Pascual-Leone, A., Meyer, K., Treyer, V., & Fehr, E. (2006). Diminishing reciprocal fairness by disrupting the right prefrontal cortex. *Science, 314*(5800), 829-832.

73. Anderson, S. W., Bechara, A., Damasio, H., Tranel, D., & Damasio, A. R. (1999). Impairment of social and moral behavior related to early damage in human prefrontal cortex. *Nature Neuroscience, 2*(11), 1032-1037.

第六章　我們就是法律

1. Van Biema, D., Drummond, T., Faltermayer, C., & Harrison, L. (1997, March 3). A recurring nightmare. *Time.* Retrieved from http://www.time.com.

2. Spake, A. (1997, March 5). Newsreal: The return of Larry Singleton. *Salon.* Retrieved from http://www.salon.com.

3. Puit, G. (2002, January 6).1978 Mutilation: Family relieved by Singleton's death. *Review Journal*. Retrieved from http://crimeshots.com/VincentNightmare.html.

4. Taylor, M. (2002, January 1). Lawrence Singleton, despised rapist, dies / He chopped off teenager's arms in 1978. *San Francisco Chronicle*. Retrieved from http:www.sfgate.com.

5. Harrower, J. (1998). *Applying psychology to crime*. Hillsdale, NJ: Lawrence Erlbaum Associates.

6. Hackett, R. (2003, January 30). A victim, a survivor, an artist. *Seattle Post-Intelligencer*. Retrieved from http://www.seattlepi.com/local/106424_maryvincent30.shtml.

7. Nisbett, R. E., Peng, K., Choi, I., & Norenzayan, A. (2001). Culture and systems of thought: Holistic versus analytic cognition. *Psychological Review, 108*(2), 291-310.

8. Nisbett, R. E. (2003). *The geography of thought: How Asians and Westerners think differently and why* (pp. 2-3, 5). New York: Free Press.

9. Hedden, T., Ketay, S., Aron, A., Markus, H. R., & Gabrieli, J. (2008). Cultural influences on neural substrates of attentional control. *Psychological Science 19*(1), 12-17.

10. Uskul, A. K., Kitayama, S., & Nisbett, R. E. (2008). Ecocultural basis of cognition: Farmers and fishermen are more holistic than herders. *Proceedings of the National Academy of Sciences of the United States of America, 105*(25), 8552-8556.

11. Kim, H. S., Sherman, D. K, Taylor, S. E., Sasaki, J. Y., Chy, T. Q., Ryu, C., Suh, E. M., & Xu, J. (2010). Culture, serotonin receptor polymorphism and locus of attention. *Social Cognitive & Affective Neuroscience, 5,* 212-218.

12. Personal communication.

13. United Kingdom House of Lords decisions. Daniel M'Naghten's case. May 26, June 19, 1843. Retreived from http://www.bailii.org/uk/cases/UKHL/1843/J16.html.

14. Weisberg, D. S., Keil, F. C., Goodstein, J., Rawson, E., & Gray, J. R. (2008). The seductive allure of neuroscience explanations. *Journal of Cognitive Neuroscience, 20,* 470-477.

15. Shariff, A. F., Greene, J. D., Schooler, J. W. (submitted). His brain made him do it: Encouraging a mechanistic worldview reduces punishment.

16. Staff working paper (2004). An overview of the impact of neuroscience evidence in criminal law. *The President's council on Bioethics*. Retrieved from http://bioethics.georgetown.edu/pcbe/background/neuroscience_evidence.html.

17. Scalia, A. (2002). *Akins v. Virginia* (00-8452) 536 U.S. 304. Retrieved August 9, 2010, from http://www.law.cornell.edu/supct/html/00-8452.Z.

18. Snead. O. C. (2006). Neuroimaging and the courts: Standards and illustrative case index. *Report for Emerging Issues in Neuroscience Conference for State and Federal Judges*. Retrieved from http://webcache.googleusercontent.com/search?q=cache:CTy_7pLokKYJ:www.ncsconline.org/d_research/stl/dec06/Snead%2520Presentation%2520%28AAAS%2520-%2520modified%29.doc+simon+pirela&cd=10&hl=en&ct=clnk&gl=us&client=firefox-a.

19. Talairach, P. T., & Tournoux, P. (1988). *Co-planar stereotaxic atlas for the human brain: 3-D proportional system: An approach to cerebral imaging* (p. vii). New York: Thieme Medical Publishers.

20. Miller, M. B., van Horn, J. D., Wolford, G. L., Handy, T. C., Valsangkar-Smyth, M., Inati, S., . . . Gazzaniga, M. S. (2002). Extensive individual differences in brain activations associated with episodic retrieval are reliable over time. *Journal of Cognitive Neuroscience, 14*(8), 1200-1214.

21. Doron, C., & Gazzaniga, M. S. (2009). Neuroimaging techniques offer new perspectives on callosal transfer and interhemispheric communication. Cortex, *44*(8), 1023-1029.

22. Putman, M. C., Steven, M. S., Doron, C., Riggall, A. C., & Gazzaniga, M. S. (2009). Cortical projection topography of the human splenium: Hemispheric asymmetry and individual difference. *Journal of Cognitive*

Neuroscience, 22(8), 1662-1669.

23. Desmurget, M., Reilly, K. T., Richard, M., Szathmari, A., Mottolese, C., & Sirigu, A. (2009). Movement intention after parietal cortex stimulation in humans. *Science, 324*(811), 811-813.
24. Brass, M., & Haggard, P. (2008). The what, when, whether model of intentional action. *Neuroscientist, 14*(4), 319-325.
25. Brass, M., & Haggard, P. (2007). To do or not to do: The neural signature of self-control. *Journal of Neuroscience, 27*(34), 9141-9145.
26. Kuhn, S., Haggard, P., & Brass, M. (2009). Intentional inhibition: How the "veto-area" exerts control. *Human Brain Mapping, 30*(9), 2834-2843.
27. Schauer, F. (2010). Neuroscience, lie-detection, and the law: Contrary to the prevailing view, the suitability of brain-based lie-detection for courtroom or forensic use should be determined according to legal and not scientific standards. *Trends in Cognitive Science, 14*(3), 101-103.
28. Bond, C. F., & De Paulo, B. M. (2006). Accuracy of deception judgments. *Personality and Social Psychology Review, 10*, 214-234.
29. Meisser, C. A., & Bigham, J. C. (2001). Thirty years of investigating the ownrace bias in memory for faces: A meta-analytic review. *Psychology, Public Policy, and Law, 7*(1), 3-35.
30. Connors, E., Lundregar, T., Miller, N., & McEwan, T. (1996). *Convicted by juries, exonerated by science: Case studies in the use of DNA evidence to establish innocence after trial*. Washington, DC: National Institute of Justice.

31. Turk, D. J., Handy, T. C., & Gazzaniga, M. S. (2005). Can perceptual expertise account for the own-race bias in face recognition? A split-brain study. *Cognitive Neuropsychology, 22*(7), 877-883.

32. Harris, L. T., & Fiske, S. T. (2006). Dehumanizing the lowest of the low: Neuroimaging responses to extreme out-groups. *Psychological Science, 17*(10), 847-853.

33. Wilkinson, R. A. (1997). A shifting paradigm: Modern restorative justice principles have their roots in ancient cultures. *Corrections Today*. Dec. Retrieved from http://www.drc.state.oh.us/web/Articles/article28.htm.

34. Sloane, S., & Baillargeon, R. (2010). *2.5-Year-olds divide resources equally between two identical non-human agents.* Poster session presented at the annual meeting of the International Society of Infant Studies, Baltimore, MD.

35. Geraci, A., & Surian, L. (2010). *Sixteen-month-olds prefer agents that perform equal distributions.* Poster session presented at the annual meeting of the International Society of Infant Studies, Baltimore, MD.

36. He, Z., & Baillargeon, R. (2010). *Reciprocity within but not across groups: 2.5-year-olds' expectations about ingroup and outgroup agents.* Poster session presented at the annual meeting of the International Society of Infant Studies, Baltimore, MD.

37. Vaish, A., Carpenter, M., & Tomasello, M. (2010). *Moral mediators of young children's prosocial behavior toward victims and perpetrators*. Poster session presented at the annual meeting of the International Society of Infant Studies, Baltimore, MD.

38. Harris, P. L., & Nunez, M. (1996). Understanding permission rules by preschool children. *Child Development, 67*(4), 1572-1591.

39. Hamlin, J., Wynn, K., Bloom, P., & Mahagan, N., Third-party reward and punishment in young toddlers. (Under review)

40. Carlsmith, K. M. (2006). The roles of retribution and utility in determining punishment. *Journal of Experimental Social Psychology, 42,* 437-451.

41. Darley, J. M., Carlsmith, K. M., Robinson, P. H. (2000). Incapacitation and just deserts as motives for punishment. *Law and Human Behavior, 24,* 659-683.

42. Carlsmith, K. M., & Darley, J. M. (2008). Psychological aspects of retributive justice. In M. P. Zanna (Ed.), *Advances in experimental social psychology* (Vol. 40, pp. 193-236). San Diego, CA: Elsevier.

43. Carlsmith, K. M. (2008). On justifying punishment: The discrepancy between works and actions. *Social Justice Research, 21,* 119-137.

44. Buckholtz, J. W., Asplund, C. L., Dux, P. E., Zald, D. H., Gore, J. C., Jones, O. D., & Marois, R. (2008). The neural correlates of third-party punishment. *Neuron, 60,* 930-940.

45. Richards, J. R. (2000). *Human nature after Darwin* (p. 210). New York: Routledge.

46. Boyd, R., Gintis, H., Bowles, S., & Richerson, P. J. (2003). The evolution of altruistic punishment. *Proceedings of the National Academy of Sciences of the United States of America, 100*(6), 3531-3535.

中英對照表

文獻

一至四畫

《MIB星際戰警》 *Men in Black*

《大腦》 *Brain*

《不同的宇宙》 *A Different Universe*

六畫

〈多就是不一樣〉 More Is Different

《艾瑪》 *Emma*

《行為的組織：神經心理學理論》 *The Organization of Behavior: A Neuropsychological Theory*

七至九畫

〈抗體與學習：選擇或指導〉 Antibodies and Learning: Selection versus Instruction

《奔騰年代》 *Seabiscuit*

《是魔鬼害我買那件衣服的！》 *The Devil Made Me Buy That Dress!*

十一至十三畫

《國際心理學詞典》 *International Dictionary of Psychology*

《奧賽羅》 *Othello*

《聖彼得時報》 *St. Petersburg Times*

十五畫以上

《論生理光學》 *Treatise on Physiological Optics*

《驚異的假說》 *The Astonishing Hypothesis*

人名

四畫

巴夫諾夫 Ivan Pavlov

巴布迪倫 Bob Dylan

巴提 Howard Pattee

比茲 Emilio Bizzi

王興 Wun Sin

五畫

包威爾 James Bower

卡司帕洛夫 Gary Kasparov

卡拉瑪薩 Alfonso Caramazza

卡哈爾 Santiago Ramón y Cajal

卡迪什 Sanford Kadish

卡斯 Jon Kaas

卡頓 Sidney Carton

卡爾史密斯 Kevin Carlsmith

史培利 Roger Sperry

史崔德 Georg Striedter
史蒂文斯 Stevens
尼茲彼 Richard Nisbett
尼爾森 Mark Nelson
布洛卡 Paul Broca
布朗 Donald Brown
布萊克曼 Bob Blackman
布瑞思 Marcel Brass
布魯姆 Paul Bloom
平克 Steven Pinker
弗盧朗 Marie-Jean-Pierre Flourens
瓦特森 Gary Watson
瓦納肯 Felix Warneken
甘迺迪 Anthony Kennedy
皮爾 Robert Peel

六畫

伍道爾 Barnes Woodall
休謨 David Hume
吉福德爵士 Adam Lord Gifford
多利 John Doyle
安 Ann Premack
安德森 Philip W. Anderson
托諾克斯 Pierre Tournoux
米勒 George Miller
米喬特 Albert Michotte
艾可勒斯 John Eccles
艾金斯 Daryl Renard Atkins
艾爾斯頓 Guy Elston

七畫

亨克利 John Hinckley
亨利・福特 Henry Ford
佛洛伊德 Sigmund Freud
伯恩 Richard Byrne
伯根 Joseph Bogen
伯維司 Dale Purves
克里克 Francis Crick
克拉庫爾 David Krakauer
克羅斯 Richard Cross
利貝特 Benjamin Libet
坎斯 Kurt Kass
希亞德 Steven Hillyard
希波克拉底 Hippocrates
沃丁頓 Conrad Waddington
沃夫 Patrick Wolff
沃哲 Philip Vogel
沃絲 Kathleen Vohs
貝亞夫 Dmitry Belyaev
貝拉潔恩 Renee Baillargeon
辛格頓 Lawrence Singleton
辛葛 Jerry Singer
邦格 Mario Bunge
里佐拉蒂 Giacomo Rizzolatti

八畫

亞馬拉 Luis Amaral
叔本華 Arthur Schopenhauer
征服者威廉 William the Conqueror
彼得森 Steve Petersen
拉基許 Pasko Rakic

密樂 Michael Miller
莫爾 Henrike Moll
莉伯曼 Debra Lieberman
莉基 Mary Leakey
荷姆霍茲 Hermann von Helmholtz
雪兒頓 Jennifer Shelton
麥克林 Paul Maclean
麥斯坎普 E. J. Masicampo
麥楷 Donald Mackay

十二畫

傑尼 Niels Jerne
傑克森 Hughlings Jackson
勞克林 Robert Laughlin
喬莉 Alison Jolly
喬漢森 Donald Johanson
斯卡利亞 Scalia
斯庫勒 Jonathan Schooler
斯賓諾莎 Baruch Spinoza
斯諾特阿姆斯壯 Walter Sinnott-Armstrong
普尤斯 Todd Preuss
普里戈金 Ilya Prigogine
普瑞馬克 David Premack
湯茉森 Judith Jarvis Thomson
湯馬斯洛 Michael Tomasello
絲貝克 Elizabeth Spelke
舒爾 Frederick Schauer
華生 John Watson
費曼 Richard Feynman
費斯汀格 Leon Festinger
費絲珂 Susan Fiske
費爾 Ernst Fehr
費爾德曼 Marcus W. Feldman
賀斯勒 Jeff Hutsler
馮艾克諾默 Constantin von Economo

十三畫

奧克斯納德 Charles Oxnard
奧斯華 Lee Harvey Oswald
奧爾波特 Floyd Henry Allport
葛林 Joshua Greene
葛斯汀 Jeffrey Goldstein
葛善法 Asif Ghazanfar
葛雷福頓 Scott Grafton
詹姆斯 William James
道金斯 Richard Dawkins
達克斯 Marc Dax
達利 John Darley
達馬修 Antonio Damasio
雷切爾 Mark Raichle
雷恩 Robert Ryan

十四畫

寧欽斯基 Esther Nimchinsky
漢密爾頓 Charles Hamilton
瑪爾 David Marr
瑪德 Eve Marder
碧絲卓 Irina Bystron
福特 Frank R. Ford

維高斯基 Lev Vygotsky
蓋布瑞利 John Gabrieli
豪瑟 Marc Hauser
赫胥黎 T. H. Huxley

十五至十六畫

劉賀寬 Hakwan Lau
德沃 C. Nathan DeWall
德格魯 Adriaan de Groot
德溫特 Willem de Winter
歐丁斯姆 F. John Odling-Smee
歐曼 John Allman
歐提諾 Julio Ottino
衛斯特馬克 Edward Westermarck
鄧巴 Robin Dunbar
賴胥利 Karl Lashley
霍洛韋 Ralph Holloway
鮑麥斯特 Roy Baumeister

十七至十八畫

戴亞奈 Stanislas Dehaene
薛丁格 Schrodinger
薛佛 Gordon Shepherd
薛伯 Roger Shepard
薛克特 Stanley Schachter
薇恩 Karen Wynn
薇蜜兒 Betty Vermeire
薩克絲 Rebecca Saxe
薩波斯基 Robert Sapolsky
薩瑟蘭 Stuart Sutherland

十九畫

龐加萊 Jules Henri Poincaré
懷特 Tim White
懷特恩 Andrew Whiten
懷德海 Alfred North Whitehead
羅倫茲 Edward Lorenz
譚 Tan
麗查絲 Janet Radcliffe Richards

地名、機構組織名

四至五畫

巴黎科學院 Academy of Science of Paris
加州大學戴維斯分校 University of California-Davis
加州理工學院 California Institute of Technology (Caltech)
加拉巴哥群島 Galápagos Islands
卡爾森管理學院 Carlson School of Management
史隆凱特琳醫院 Memorial Sloan-Kettering Hospital

六至七畫

吉福德講座 Gifford Lectures
艾德菲大學 Adelphi University
西普霍斯公司 Cephos
坎加魯島 Kangaroo Island
希區卡克基金會 Hitchcock Foundation

杜克大學 Duke University

八至十畫

阿伯丁大學 University of Aberdeen

美國西奈山醫學院 Mount Sinai School of Medicine

朗里空軍基地 Langley Air Force Base

紐約州立大學賓漢頓分校 State University of New York-Binghamton

十一至十三畫

麥基爾大學 McGill University

聖安祖大學 St. Andrews

聖昆丁監獄 San Quentin prison

聖塔菲研究中心 Santa Fe Institute

達娜基金會 Dana Foundation

達特茅斯學院 Dartmouth College

十五畫以上

德爾波多黎各峽谷 Del Puerto Canyon

諾賴磁振造影公司 No Lie MRI

懷特紀念醫院 White Memorial Hospital

羅徹斯特大學 University of Rochester

其他

一至三畫

N體問題 n-body problem

二元論 dualism

人科動物 hominid

大腦杏仁核 amygdala

大腦前額葉腹側 ventromedial prefrontal cortex (VMPC)

弓狀束 arcuate fasciculus

四畫

中前額葉皮質區 medial prefrontal cortex (mPFC)

中型地雀 medium ground finches

內側額葉皮質 medial frontal cortex

內團體 ingroup

化約論者 reductionist

反射弧 reflex arc

心智推理 theory of mind (TOM)

五畫

丘腦 thalamus

功利正義 utilitarian justice

功能性磁振造影 functional magnetic resonance imaging (fMRI)

卡波格拉斯症候群 Capgras' syndrome

可開脫 exculpability

布洛卡區 Broca's area

正子斷層掃描 PET scan

犯罪意圖 mens rea
生理激發 physiological arousal
白冠麻雀 white-crowned sparrow

六至八畫

多重可實現性 multiple realizability
自主反應 automatic responses
自我種族偏見 own-race bias (ORB)
佛萊法則 Frye rule
利基建構 niche construction
李奧納多（機器人名） Leonardo
決定論的宇宙 determined universe
角動量 angular momentum
奇異吸引子 strange attractor
拉馬克派 Lamarckian
枕葉 occipital lobe
阿法南猿 *Australopithecus afarensis*

九畫

促發過程 priming processes
前扣帶皮質 anterior cingulate cortex
前身細胞 predecessor cell
前腦島皮質 frontoinsular cortex
前聯體 anterior commissure
前額底部 Orbital frontal
前額葉皮質 prefrontal cortex (PFC)
威尼基失語症 Wernicke's aphasia
威尼基區 Wernicke's area
後連合 posterior commissures
柏雷效應 Baldwin effect
活動依附過程 activity-dependent process
相容論 compatibilism
突現 emerge
背側前中皮質 dorsal fronto-median cortex (dFMC)

十畫

修復式正義 restorative justice
弱突現 weak emergence
海馬迴 hippocampus
病覺缺失 anosognosia
神經特異性 neural specificity
神經纖維網 neuropil
紋狀體 corpus striatum
耗散結構 dissipative systems
胼胝體 corpus callosum (CC)
馬克諾頓法則 M'Naghten

十一畫

動作準備電位 Bereitschaftspotential
國際大師 International Grandmaster
基因外修飾因素 epigenetic factor
基因同化 genetic assimilation
基底核 basal ganglia
基底樹突 basal dendrite
強突現 strong emergence
現象意識 phenomenal consciousness

第一原理　first principles
細胞上顆粒層　supragranular layers
終腦　telencephalon
頂葉　parietal lobe
頂葉皮質　parietal cortex

十二畫

報復式正義　retributive justice
智人　*Homo sapiens*
椎狀神經元　pyramidal neuron
椎體外系統　extrapyramidal systems
無性繁殖選擇學說（克隆選擇學說）　clonal selection theory
等潛法則　equipotentiality
結果論　consequentialism
絲狀偽足　filopodia
虛構　confabulate
視交叉　optic chasm
視速儀　tachistoscopes

視覺蓋　optic tectum
馮艾克諾默神經元　von Economo neuron (VEN)

十三畫

嗅球　olfactory bulb
塔馬爾沙袋鼠　Tamar
微絲　microfilament
感知層次的因果關係論定　perceptual causality
當責　accountability
腦波測謊系統　Brain Electrical Oscillations Signature
腦指紋　Brain Fingerprinting
腦島環狀溝　insulae
腦溝　sulci
腦電圖　electroencephalogram (EEG)
解譯器　Interpreter
跨顱電刺激　transcranial electric stimulation

跨顱磁刺激　transcranial magnetic stimulation (TMS)
道伯—喬納—康荷案　Daubert-Joiner-Kumho

十四至十六畫

實際的推論者　practical reasoner
磁振造影　magnetic resonance imaging (MRI)
輔助運動區　supplemental motor area (SMA)
模組化　modularity
模擬理論　simulation theory
複製錯憶　reduplicative paramnesia
豬尾獼猴　pigtailed macaque
導入頁面　landing page
樹狀突脊　dendritic spines
樹突　dendritic arbor

十七至十八畫

檢眼鏡　ophthalmoscope

十九畫以上